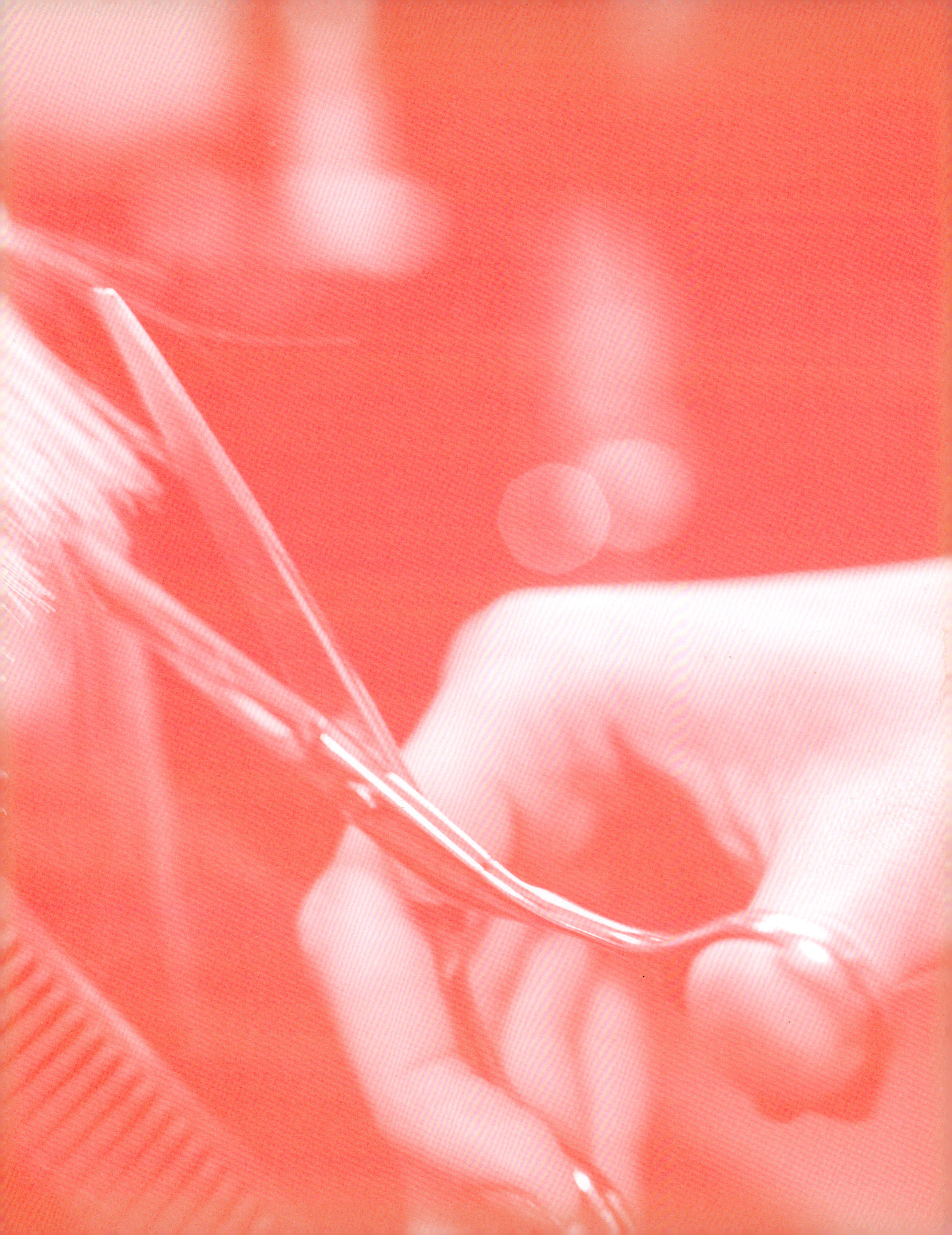

Basic Hair Cut

기초 디자인 헤어커트

김형은 · 정의정 · 김송희 · 김은지 · 신임순
유은미 · 이대천 · 진용미 · 최묘선 · 허정록

메디시인

머 리 말

헤어 커트는 모발을 자른다, 모량을 적게 한다는 것으로 헤어스타일의 기초가 되는 중요한 기술입니다. 그러나 현대의 헤어 미용은 단순히 커트 도구를 이용하여 모발을 자르는 기술만을 말하는 것이 아닙니다.

헤어 커트는 고객의 두상과 이미지에 맞게 체계적이고 과학적으로 다양한 디자인의 헤어스타일을 연출하는 응용예술의 한 분야로 발전을 거듭하고 있습니다.

본 교재는 현대 헤어 커트의 기초와 고객 이미지에 따른 맞춤형 응용편으로 구성하여 이 한 권의 교재로 헤어 응용예술을 습득할 수 있도록 하였습니다.

1. 헤어디자인을 완성하기 위한 디자인 요소
2. 얼굴형 및 모발의 특성에 따른 디자인 구상
3. 헤어스타일에 따른 커트 도구 및 테크닉
4. 대상을 관찰하여 두상을 구획하는 시술 방법
5. 고객과의 교감을 위한 고객 상담 기법
6. 4가지 기본형태의 헤어커트 시술절차 방법

이 책은 학습자들이 헤어 커트의 개념원리를 이해하여, 이를 산업현장에서 요구되는 실무에 적용할 수 있는 창의적인 기술 능력을 향상시키는데 도움이 될 것입니다.

오랫동안 이 책이 완성될 수 있도록 도와주신 많은 분들께 감사드립니다. 아울러 멋진 디자인로 빛을 보게 해주신 (주)메디시언 임직원 여러분께도 감사의 말씀을 드립니다.

계묘년 새 봄에

저자 일동

차례

Contents

Chapter 03 헤어커트 분석

Chapter 04 헤어커트 시술과정 분석

차례

Chapter 05 두상의 기본 포인트

Chapter 06 원랭스 커트

Chapter 07 그래쥬에이션 커트

Chapter 08 인크리스 레이어 커트

Chapter 09 유니폼 레이어 커트

PART II 응용 헤어커트의 이해

Chapter 01 커트의 관찰과 사고

Chapter 02 커트의 요소

Chapter 03 커트 및 질감 테크닉

차례

Contents

PART Ⅰ

기초 헤어커트의 이해

Chapter 1

헤어디자인 개념

1. 헤어디자인Hair design 정의

헤어커트 디자인Hair cut design은 미적, 기능적 요구를 충족시켜주는 응용 응용 예술로 다음과 같이 정의할 수 있다.

- 건축, 음악, 무용, 패션 등 다른 디자인 영역과 같은 예술의 한 형태이다.
- 각각의 디자인 분야는 서로 다른 도구와 매개체를 사용한다.
- 헤어디자인은 자연, 주변 환경, 대중문화 영감을 표현한다.

※ Inspire영감 : 건축, 음악, 무용, 조각, 패션 등 다른 디자인 영역과 같은 예술의 한 형태이다.

2. 헤어디자인의 3요소

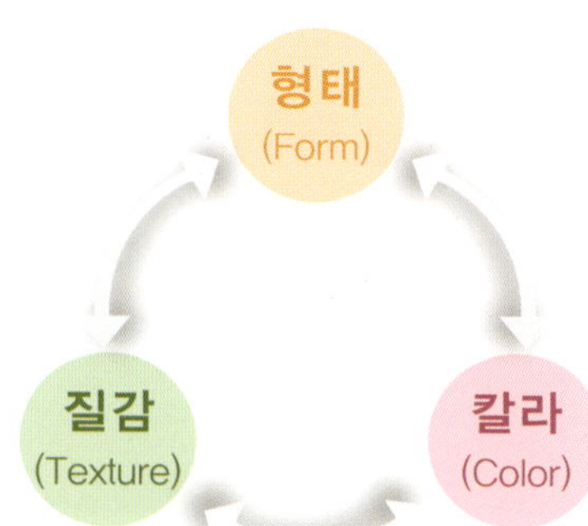

그림 1-1 헤어디자인 3요소 이미지

1. 형태 Form

길이, 너비, 깊이를 포함한 입체적인 3차원 표현에 해당한다.
실루엣, 외형적인 형태, 형체의 윤곽 Out line 으로 양감, 볼륨을 표현할 수 있다.

(1) 형태의 3요소

① 선 : 가장 기본이 되는 점으로 이루며 길이와 위치, 방향에 따른다.

[종류]

- 직선 Straight Line : 강하고 평탄함, 차가움, 딱딱함, 거칠고 단조로운 느낌

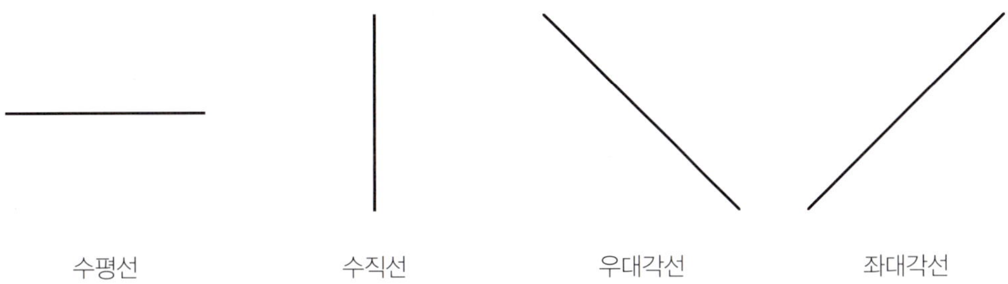

- 곡선 : 직선보다 부드럽고, 여성적인 느낌, 느린 스피드
  - Concave Line 컨케이브 라인 : A라인/ 반구의 내부 안쪽으로 휘어진다.

  - Convex Line 컨벡스 라인 : U라인/ 반구의 외부 바깥쪽으로 휘어진다.

※ 천체축 : 직선, 곡선, 각도, 방향을 나타내는 기호로 헤어디자인에서 대부분 사용한다.

② **방향** : 선의 진로, 기본방향은 직선으로 결정되며, 방향에 따라 빠르다, 느리다로 표현한다.

[종류]

- 수평선 중력, 안정감, 수직선 강한 느낌, 대각선 역동적

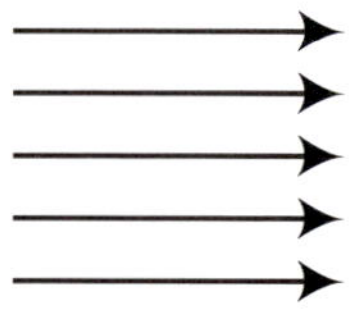
수평선

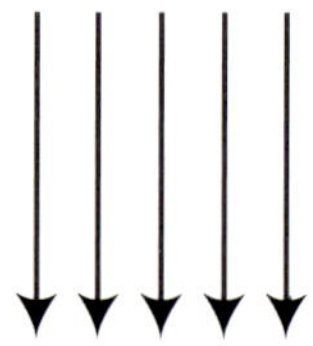
수직선

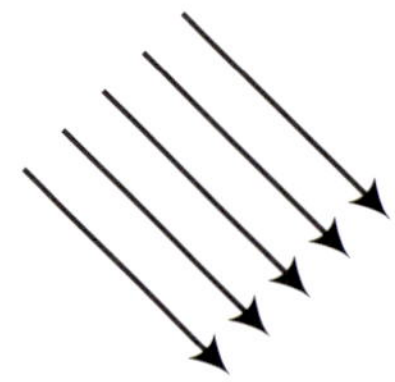
대각선

- 기본 방향 상, 하, 좌, 우

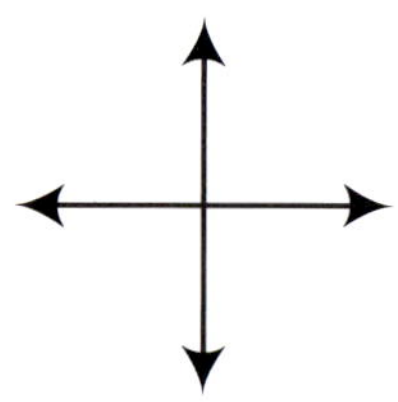

③ **모양** : 2차원의 영역, 길이와 넓이를 가진 표면이며 평면의 지각된 외형적인 모양 실루엣, Out line 아웃트라인을 의미한다.

[종류]

- 원형, 삼각형, 사각형

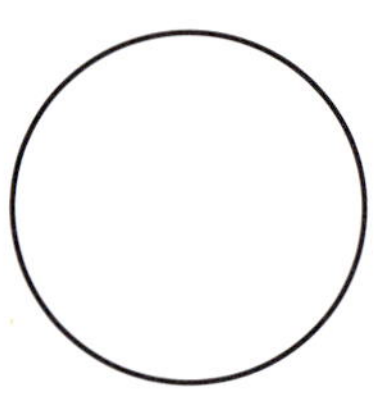
원형

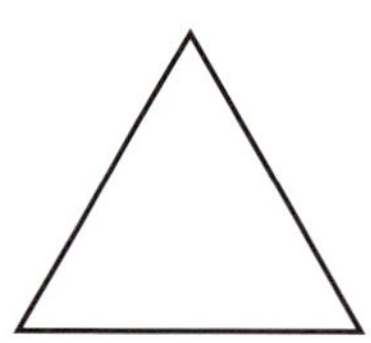
삼각형

사각형

※ 헤어스타일에서의 면은 두상을 입체적으로 보이게 하기 위한 평면인 면과 입체인 면을 조화롭게 사용하여야 한다.

2. 질감 Texture

① 디자인에 사용된 재료의 표면의 성질을 말한다.
② 눈으로 보고 느껴지는 시각적 질감을 의미한다.
③ 헤어디자인에서 질감은 머릿결을 의미로 시각과 촉각으로 느낄 수 있는 표면의 질을 말한다.
④ 머리 형태를 양감과 아울러 촉각과 시각적으로 표현한 것이다.
⑤ **형태의 표현** : 부드러움, 거침, 밋밋함, 광택, 차가움, 따뜻함 등을 표현한다.
⑥ 모발의 굵기와 모발 숱의 영향을 받는다.

(1) 종류

- 액티베이트Activaed : 머리카락 표면이 끊어져 겉모습이 거칠하게 보인다.
- 언액티베이트Unactivaed : 머리카락 표면이 끊어지지 않고 매끄러운 표면 상태이다.
- 콤비네이션Combination : 두 가지 표면의 질감이 나타나는 상태이다.

3. 컬러 Color

① 물체에 빛이 반사될 때 얻어지는 시각적 효과를 말한다.
② 깊이와 입체감, 디자인에 가장 강한 영향을 미친다.
③ 형의 강조 및 포인트로 시선을 집중 시킬 수 있다.
④ 직접적인 형태를 표현하진 않지만 착시현상에 이용하기도 한다.
⑤ 모발의 색에 따른 이미지 변화가 가능하다.
⑥ 색이 갖는 인상은 한색Cool tone, 난색Warm tone으로 구분한다.

(1) 색의 착시현상

착시란 크기나 형태, 길이, 색의 움직임 등 눈을 통해 사물이 다르게 보이거나 착각하는 것을 의미한다.

- 같은 크기가 다르게 보이는 현상을 색의 팽창성과 수축성이라 한다.
- 난색은 팽창 현상을 일으키고 한색은 수축 현상을 일으킨다.
- 컬러를 통하여 시선 집중 효과를 만들 수 있다.

3. 헤어디자인 원리

헤어디자인 3요소 형태, 질감, 칼라를 배열하는 패턴을 통하여 무수한 디자인을 창조해 낼 수 있다.

1. 구성원리

(1) 반복 Repetition

위치를 제외한 모든 요소가 동일할 때 나타내는 패턴 모발의 길이 반복 설정 이다.

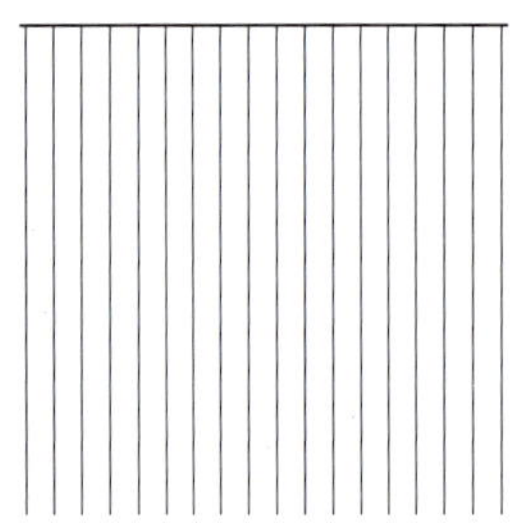

(2) 교대 Alternation

둘 또는 그 이상의 구성요소가 순차적인 패턴으로 반복되는 것이다.

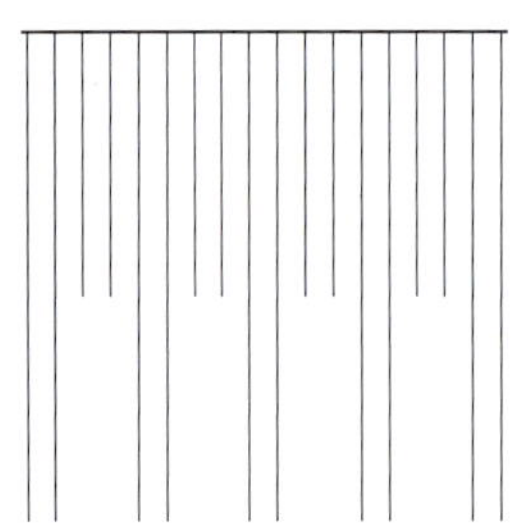

(3) 진행 Progression

모든 구성요소가 비슷하거나 일정한 비율로 변할 때 의미, 진행 방향으로 모발의 길이가 증가 또는 감소하는 것이다.

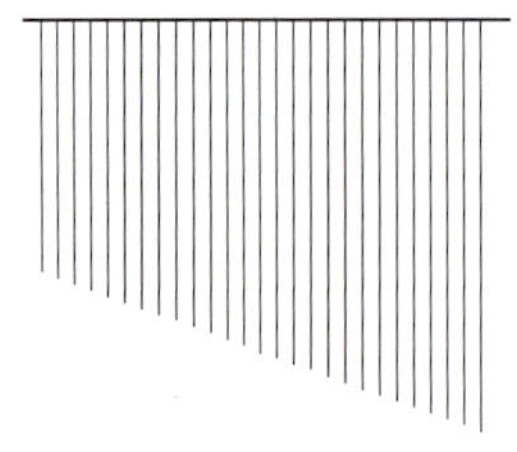

(4) 대조 Contrast

서로 상반되는 요소를 통하여 다양한 디자인 변형을 만들어낸다.

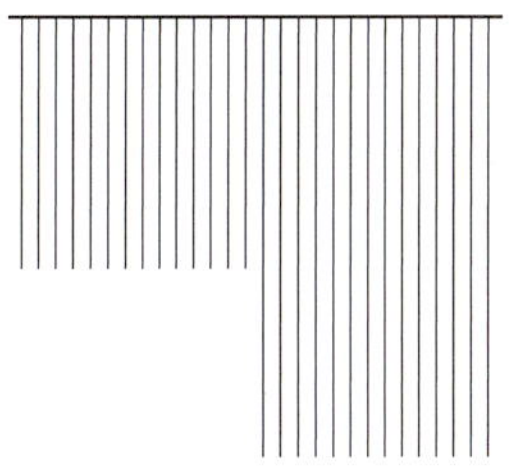

(5) 비조화 Discord

디자인 요소들 간의 최대한 간격을 두고 표현하는 것이다.

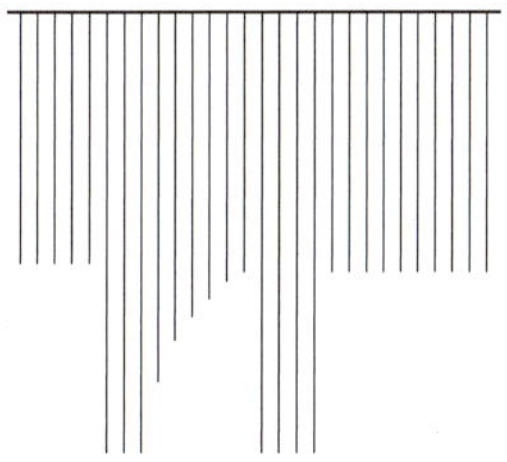

(6) 균형 Balance

① **비대칭** : 비대칭은 축을 기준으로 양쪽이 동일하지 않다.

② **대칭** : 형태의 크기가 대칭적으로 균등하다.

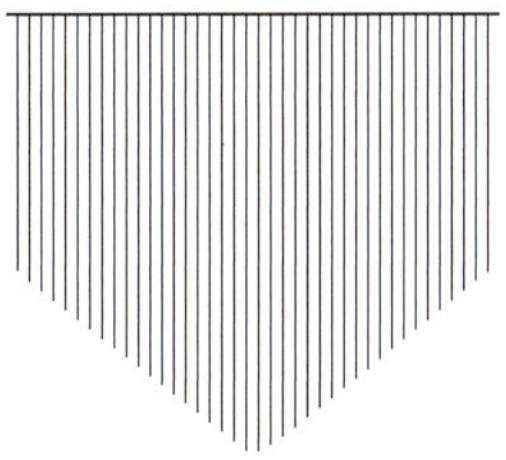

Chapter 2

커트 도구 분석

- 미용 기술을 시술하기 위해 도구를 활용한다.
- 헤어 커트할 형태와 도구의 사용기법을 결정한다.
- 여러 종류의 커트 도구를 적절하게 사용하거나 활용할 수 있는 방법을 알아본다.
- 커트하는 방법으로는 웨트 커트, 드라이 커트, 프레 커트, 애프터 커트 등이 있다.

1. 가위

- 개인 선호도, 디자인에 따라 선택이 달라진다.
- 가위의 날은 강도가 적당한 것이어야 한다.
- 좋은 재질을 가질 것을 골라야 한다.
- 가위의 내곡선이 깨끗하게 공정된 것이어야 한다.
- 가위의 조임쇠 Pivot Point 의 작용이 느슨하지 않아야 한다.

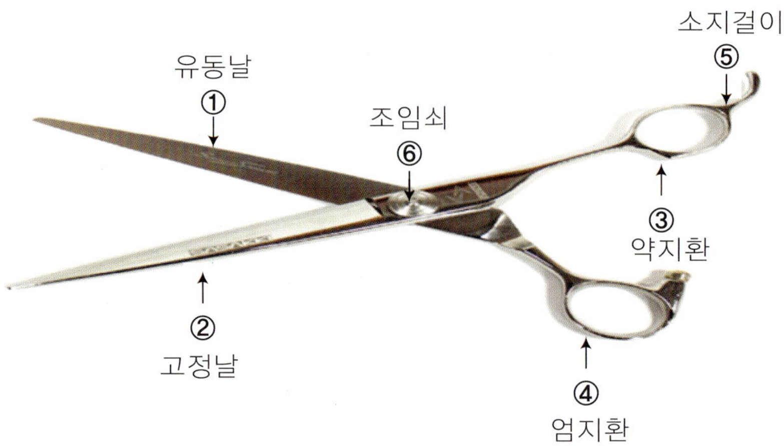

그림 1-2 가위 명칭

1. 가위 잡는 방법

① 조임쇠가 위를 바라보게 잡고 고정날과 연결되어 있는 약지환에 약지를 끼우고, 동날을 움직이는 엄지환에 엄지를 살짝 끼운다.

② 엄지환에 엄지를 걸치듯이 끼워 움직인다.

③ 지렛데의 역할을 하는 세 손가락은 동날을 받쳐주는 역할을 한다.

④ 빗질을 할 때는 엄지환을 빼고 가위날을 닫은 후 주먹을 쥔 상태로 쥔다.

2. 가위 테크닉

(1) 기본 테크닉

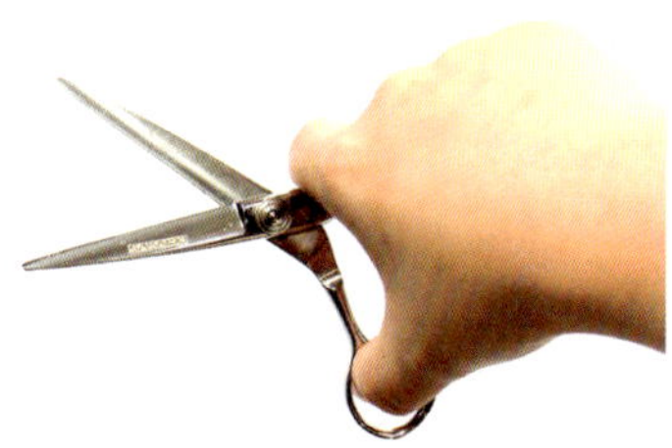

- 수평라인 호리존탈, horizontal 을 커트할 때 사용되는 기법이다.
- 가위의 조임쇠 Pivot Point 부분이 움직이지 않도록 고정한다.
- 정확한 커트라인을 형성할 수 있다.

(2) 응용 테크닉

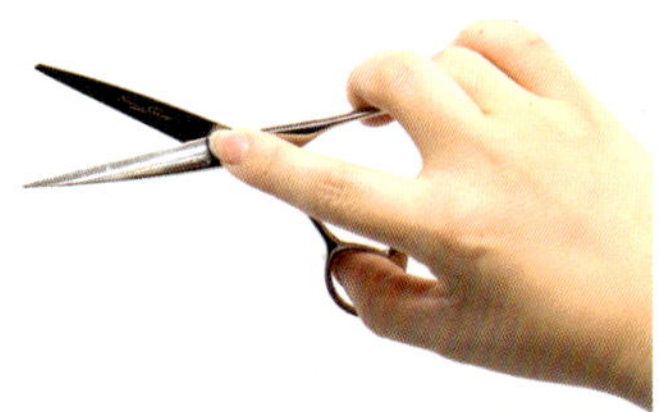

- 포인트 Point 커트나 언더라인 등을 커트할 때 사용하는 기법이다.
- 조임쇠 Pivot Point 부분을 검지 손가락으로 고정하여 가위 및 손 전체의 떨림을 막아준다.

(3) 변형 테크닉

- 수직 vertical, 세로 라인을 커트할 때 사용하는 기법이다.
- 가위의 조임쇠 Pivot Point 부분이 떨리지 않도록 검지로 고정시킨다.
- 크레스트 영역 커트 시 사용한다.

2. 빗

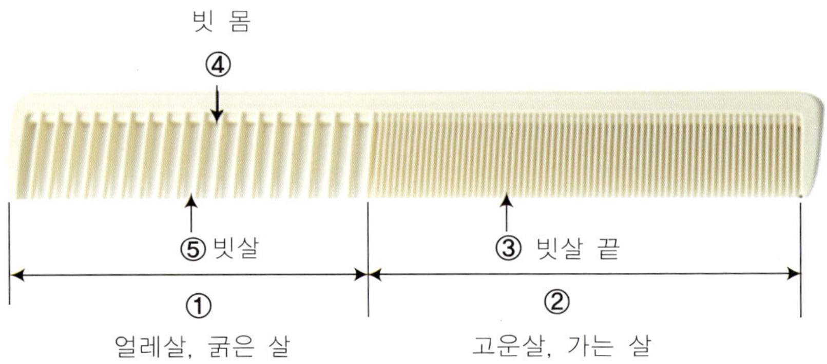

그림 1-3 빗 명칭

1. 구조

① 얼레살

- 많은 양의 모발을 조절하기 위해 사용한다.
- 커트 전과 커트 시 텐션을 적게 주어 부드러운 라인을 형성할 수 있다.
- 블로킹, 색션, 파팅을 나눌 때 사용한다.

② 고운살

- 섹션의 모발과 짧은 머리 커트 시 사용한다.
- 세밀하게 해주어 매우 정교한 라인으로 커트할 수 있다.
- 모발을 가지런히 하여 정확한 커트를 할 때 사용한다.

2. 빗 사용 방법

- 빗의 중간을 엄지와 검지, 중지로 살며시 잡는다.
- 돌리고자 하는 방향으로 엄지, 검지, 중지를 이용하여 빗을 회전시킨다.
- 커트 시술 시 목적에 따라 한 방향으로 돌려가면서 사용한다.

[스트랜드 잡는 방법]

① 중지와 검지로 잡아준다.

② 이때 중지가 검지 위로 살짝 밖으로 나오게 하여 어긋난 상태가 되도록 잡는다.

그림 1-4 스트랜드

3. 레이저

- 모발의 커트와 질감 표현을 동시에 할 수 있다.
- 가위로는 낼 수 없는 모발의 가벼움, 매끄러움, 율동감을 준다.
- 젖은 모발 상태에서 시술해야 한다.
- 레이저 날을 자주 바꿔야 한다.

아킹 기법

에칭 기법

4. 틴닝

- 모량을 조절하는 도구이다.
- 전체적으로 모발의 양이 많아 커트 형태를 만들기 어려운 경우에 사용한다.
- 모발이 부분적으로 밀집되어 있는 부분에 사용한다.
- 어떤 모발이든 무조건 틴닝을 하는 것은 아니다.

  * 주의 : 프론트, 사이드, 햄라인, 크라운, 페이스 라인 조심

- 1/8, 1/16, 1/32 인치가 있다.
- 틴닝 발수의 양이 많으면 잘리는 양은 적고 발수의 양이 적으면 잘리는 양은 많다.

(1) 직선날 틴닝

- 가위 날 모양이 직선 또는 사선이다.
- 헤어스타일의 형태는 그대로 두고 모발의 숱을 감소시키고 모량을 조절할 때 사용
- 남성 헤어 커트 시 연속 깎기 기법에 주로 사용한다.
- 개폐 횟수에 따라 모발의 숱과 길이가 감소한다.
- 가위 사이가 넓을수록 모발의 감소량은 많아진다.

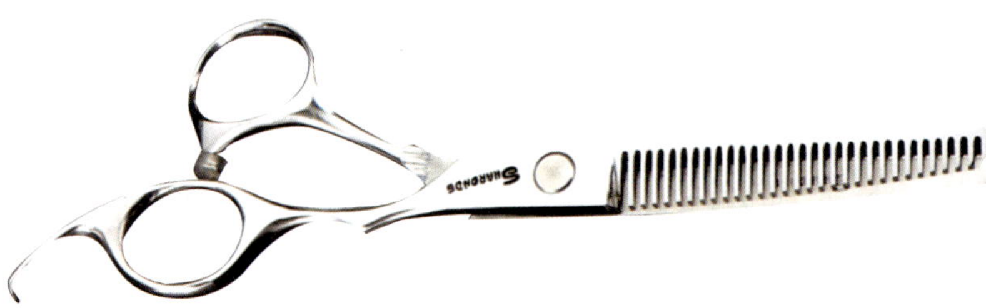

그림 1-5 직선날

(2) 곡선 틴닝

- 가위의 날 모양이 곡선히다.
- 텍스춰 가위 Texture Scissors 라고도 한다.
- 다양한 스타일을 만들 수 있다.
- 질감 처리와 슬라이드 기법에 사용한다.
- 모발이 가늘고 부드러운 깃털처럼 가벼운 효과를 나타낼 수 있다.

• 텍스춰의 개폐 횟수에 따라 모발의 숱과 길이가 감소한다.
• 가위 사이가 넓을수록 모발의 감소량이 많다.

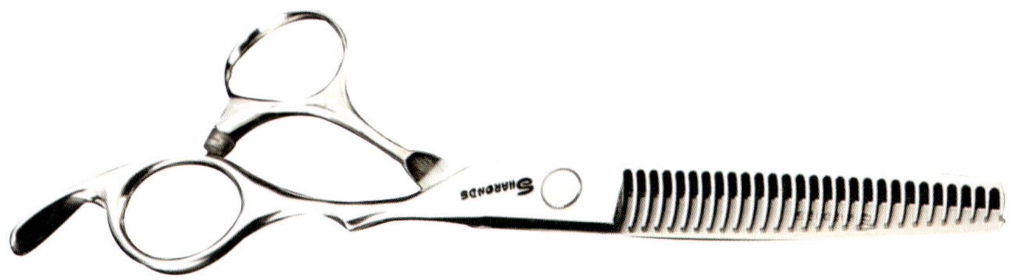

그림 1-6 곡선틴닝

5. 클리퍼

• 바리깡이라고도 한다.
• 모터의 동력에 의해 유동 날이 좌우로 빠르게 이동하면서 모발을 절단하는 도구이다.
• 남성컷트, 쇼트 헤어커트 스타일의 연출 같은 질감을 주기 위해 사용한다.

그림 1-7 클리퍼

6. 테크닉

1. 블런트 Blunt

① 모발을 단차없이 모발과 가위가 수직으로 커트한다.
② 깔끔하고 단정한 이미지를 준다.
③ 무게감을 유지하고 길이의 변화를 준다.
④ 직선적으로 커트하여 모발 끝을 뭉툭하게 만든다.

2. 나칭 Notching

① 모발 단면이 규칙적인 톱니 모양이다.
② 길이와 질감이 동시에 변화되는 기법이다.
③ 모발에 가위 날이 45° 로 되게 커트한다.
④ 일명 나칭 커트라고도 한다.

3. 포인팅 Pointing

① 가위나 레자를 이용하여 모발끝에 불규칙한 율동감을 부여한다.

② 가위 끝을 튕겨주어 질감처리하는 기법이다.

③ 모발의 질감처리는 손가락의 위치와 포인팅의 횟수에 따라 달라진다.

4. 슬라이싱 Slicing

① 모발 끝 방향으로 미끄러지듯 가늘게 커트하는 기법이다.

② 모발에 방향감을 형성할 때 사용되는 기법이다.

5. 슬라이딩 Sliding

① 모발에 가위 날이 미끄러지듯이 하여 형태를 만든다.

② 질감 조절과 모발에 움직임을 준다.

③ 디스커넥트 모발을 연결할 때 사용할 수 있다.

6. 싱글링 Singling

① 빗을 이동시키면서 튀어나온 모발을 가위를 개폐하여 커트해 올라가는 방법이다.
② 짧은 모발 커트 시 사용된다.

Chapter 3

헤어커트 분석

1. 헤어커트 형태 분석

커트에서의 형태는 머리라는 소재를 이용하여 머리형을 분석하고 만들어내는 기법으로 원, 삼각형, 사각형 등의 프레임으로 입체적인 형태로 완성하는 것이다.

※ 헤어 디자인 연출을 위한 형태의 원리를 이해해야 한다.

(1) 자연 시술각 Natural Fall

- 모발이 두상 곡면 아래로 자연스럽게 떨어진 상태를 말한다.
- 모양, 질감, 컬러, 길이 및 형태선의 방향과 특성을 분석하는 방법이다.
- 모발이 떨어지는 길이와 레벨을 분석하는 방법이다.

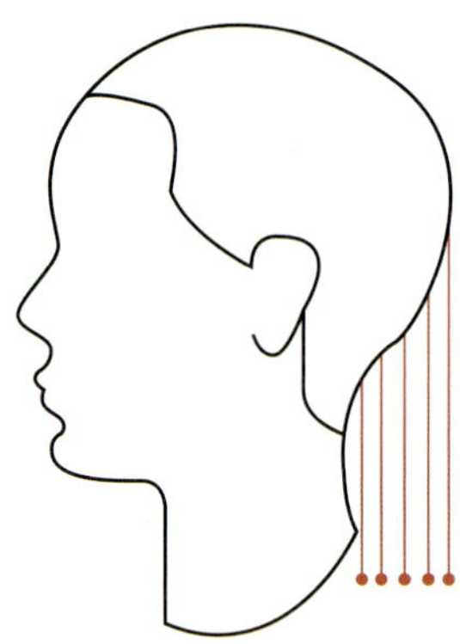

그림 1-8 자연 시술각

(2) 일반 시술각 Normal Projection

- 두상 90° 들었을 때 모습을 관찰하는 것이다.
- 커트 길이 배열 분석 즉 구조그래픽이라고 한다.
- 천구를 이용한 길이를 분석하는 측정 가이드로 사용한다.

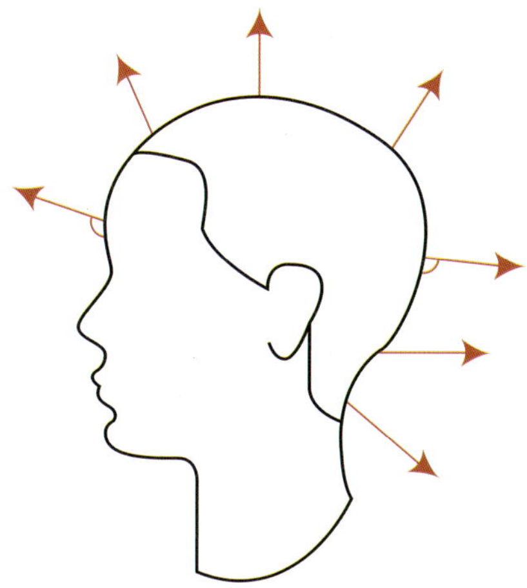

그림 1-9 일반 시술각

2. 헤어커트 형태

헤어커트 형태는 4가지 기본형을 단독 또는 무수한 디자인으로 혼합사용하여 연출한다.

형태 / 특성	원랭스 솔리드	그래쥬에이션
모양	종형	삼각형
특징	• 형태선에 최대한의 무게감 형성 • 탑 길이에서부터 네이프 길이로 갈수록 길이 감소 • 층이 없는 일직선의 동일 선상	• 시술각에 의한 경사선 • 형태선 위쪽의 무게 지역, 무게선, 릿지라인 • 탑 길이에서부터 네이프 길이로 갈수록 길이 감소
질감	• 100% 언액티베이트 Unactivaed • 잘린 끝이 보이지 않는 표면의 질감 매끄러움 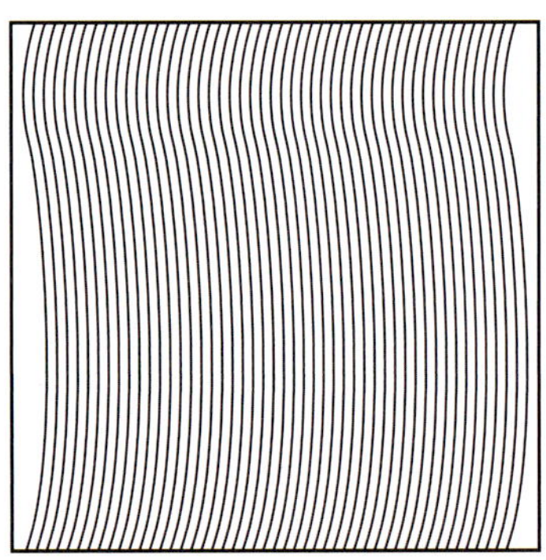	• 혼합형 질감 Combination 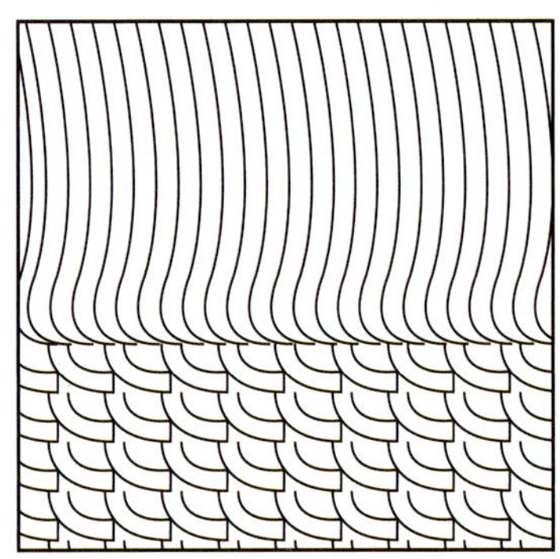
구조	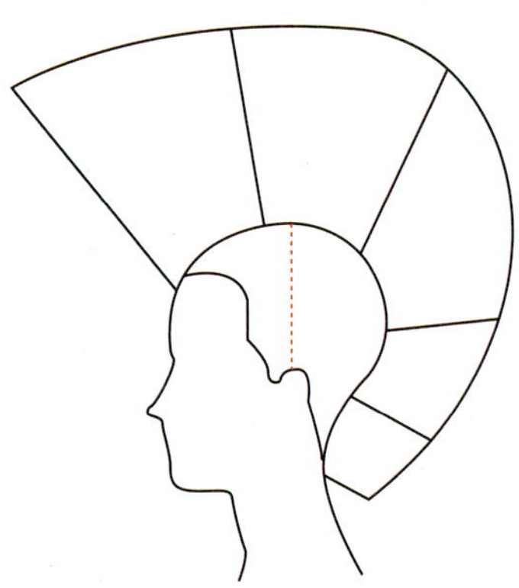	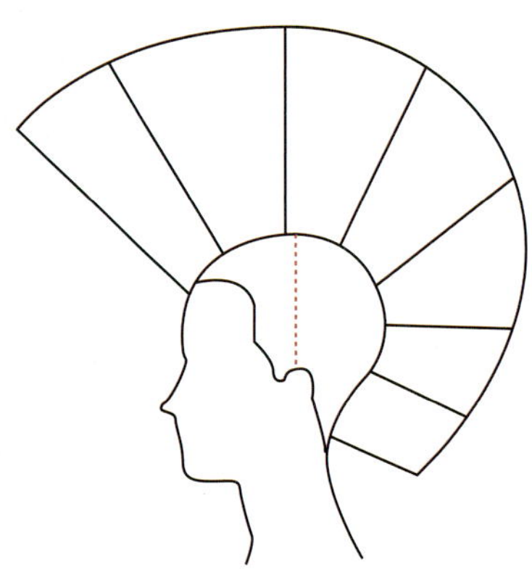

형태 / 특성	인크리스 레이어	유니폼 레이어
모양	긴 타원형	원형
특징	• 탑 길이에서부터 네이프 길이로 갈수록 길이 증가 • 집중전환레이어링 기법	• 무게감이 없음 • 두상의 곡면과 평행, 동일한 머리 길이
질감	• 액티베이트Aactivaed • 잘린 끝이 보이는 표면의 질감 거칠다 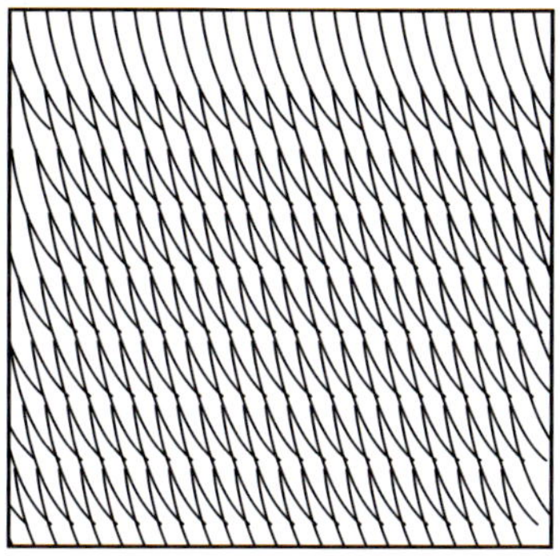	• 100% 액티베이트Aactivaed • 잘린 끝이 보이는 표면의 질감 거칠다 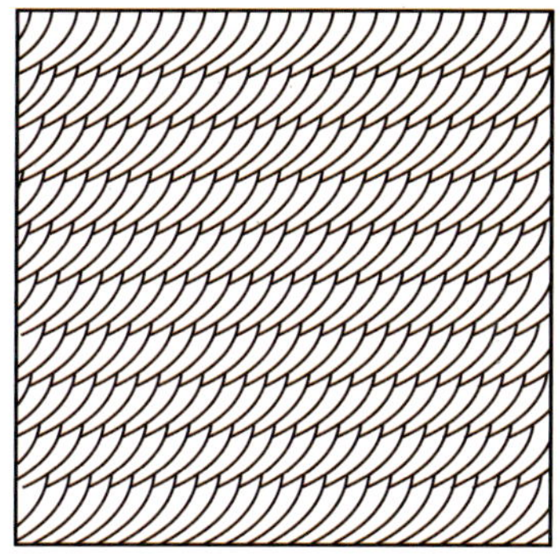
구조	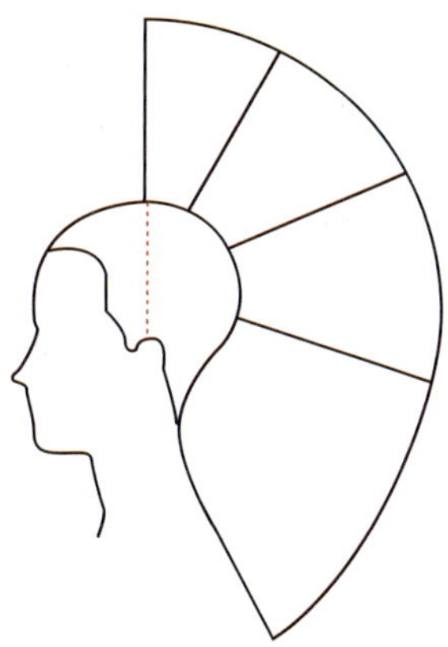	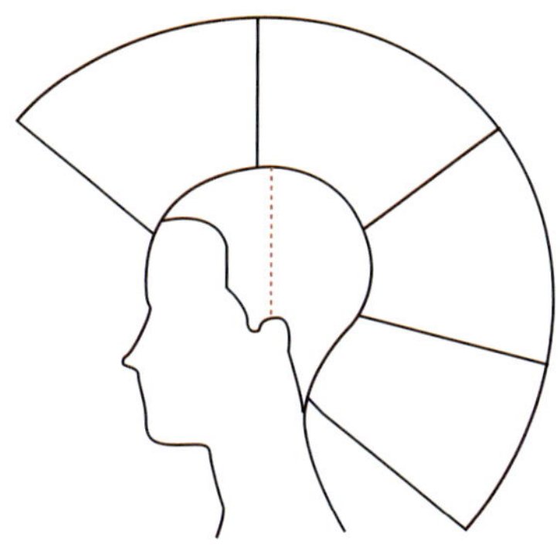

Chapter 4

헤어커트 시술과정 분석 (커트 프로세스)

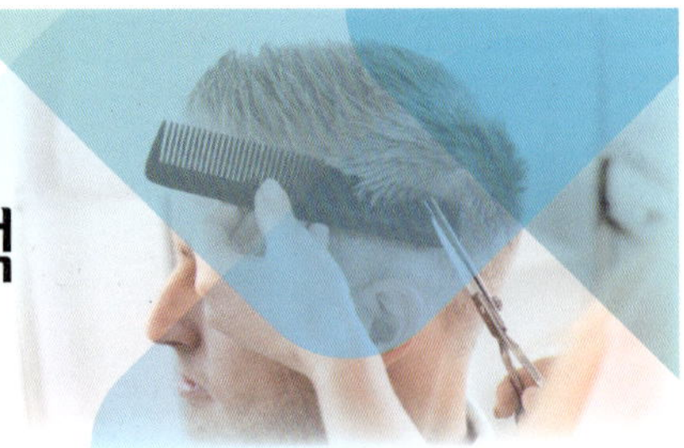

1. 섹션Section

1. 2파트 Two Part

(1) 센터 Center Part

① 커트에 있어서 가장 기본이 되는 파트로 두상의 중심이 되는 선으로 센터 포인트C.P, 탑 포인트T.P, 골덴 포인트G.P, 백포인트B.P, 네이프 포인트N.P를 연결하여 정중선이라 한다.

② 좌·우가 동일하게 나누어 정중선을 기준으로 대칭된다.

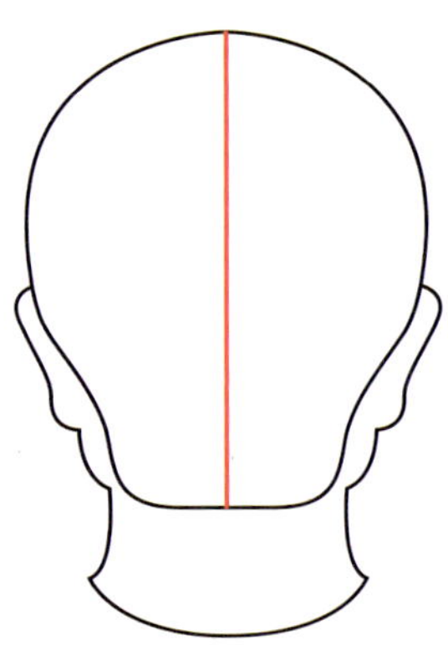

(2) 이어 투 이어 파트Ear to Ear Part

① 두상의 오른쪽 이어 포인트E.P에서 탑포인트T.P를 지나 왼쪽 이어 포인트E.P까지 연결하는 선으로 측중선이라고 한다.

② 양 쪽 사이드의 디자인이 다를 때 사용되는 방법이다.

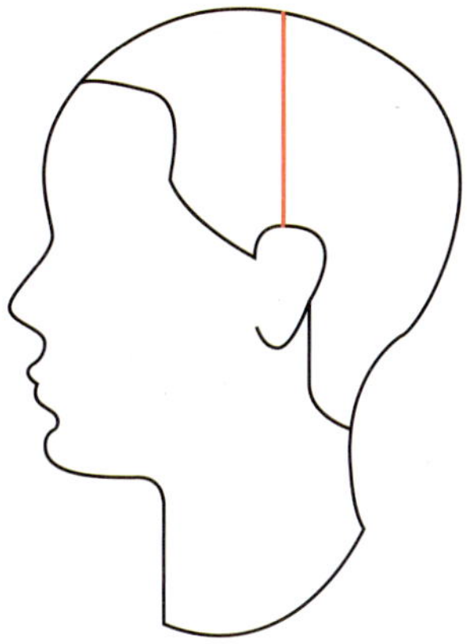

(3) 템플 투 템플 파트Temple to Temple Part

① 두상을 수평으로 상·하 2파트로 나누어 탑 골덴 미디움 포인트T.G.M.P를 기준으로 위쪽은 인터널Internal, 아래쪽은 엑스터널External이라고 한다.

② 두상의 오른쪽 프런트 사이드 포인트F.S.P 에서 왼쪽 프런트 사이드 포인트F.S.P까지 수평으로 나눈다.

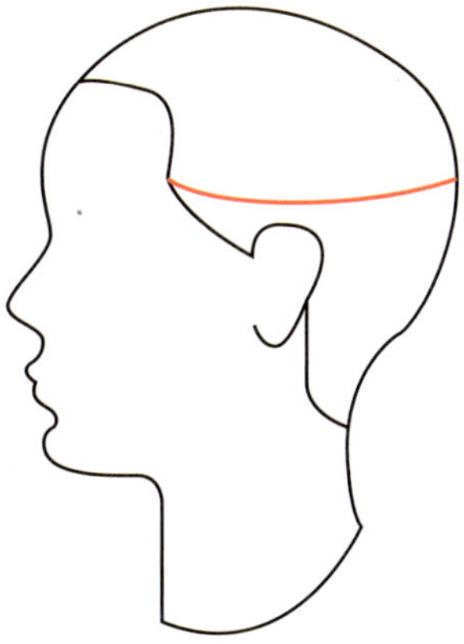

2. 3파트 Three Part

① 두상을 수평으로 상·하 3파트로 나누어 첫번째 파트는 두상의 오른쪽 프론트 사이드 포인트F.S.P에서 탑 골덴 미디움 포인트T.G.M.P를 지나 왼쪽 프런트 사이드 포인트F.S.P까지 연결한다.

② 두번째 파트는 두상의 오른쪽 사이드 포인트S.P에서 백 포인트B.P를 지나 왼쪽 사이드 포인트S.P까지 수평으로 나눈다.

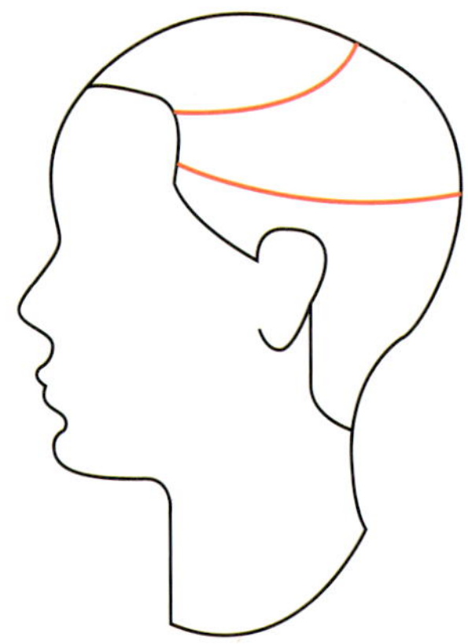

3. 4파트 Four Part

① 두상의 아랫 부분을 세분화한 파트로 3파트에서 추가적으로 파트하여 오른쪽 이어 포인트E.P에서 백 포인트B.P를 지나 왼쪽 이어 포인트E.P까지 연결하여 4파트로 나눈다.

② 정밀한 커트 할 때 사용된다.

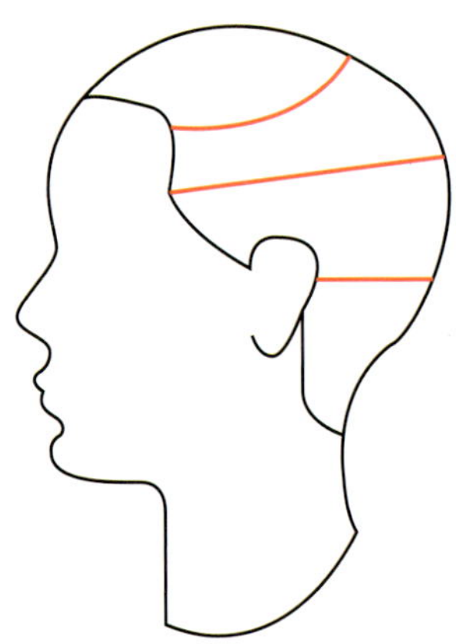

2. 머리위치

1. 똑바른 형 Upright

보통의 커트시 사용되며 커트 선이 자연스럽고 정확하다.

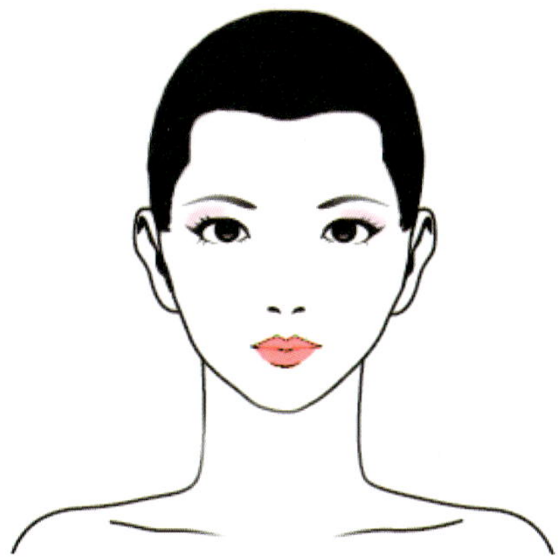

2. 옆으로 기울인 형 Tilted

커트의 마무리시 페이스 라인 및 옆 형태선을 쉽게 보기 위해 사용한다.

3. 앞으로 숙인 형 Forward

커트의 끝마무리에 형태선 파악을 위해 많이 사용한다.

3. 파팅Parting

1. 수평 파팅 Horizontal Parting

① 가로 또는 수평으로 파팅을 나누는 것이다.

② 원랭스커트나 층이 많이 나지 않는 헤어스타일을 커트할 때 나누는 방법이다.

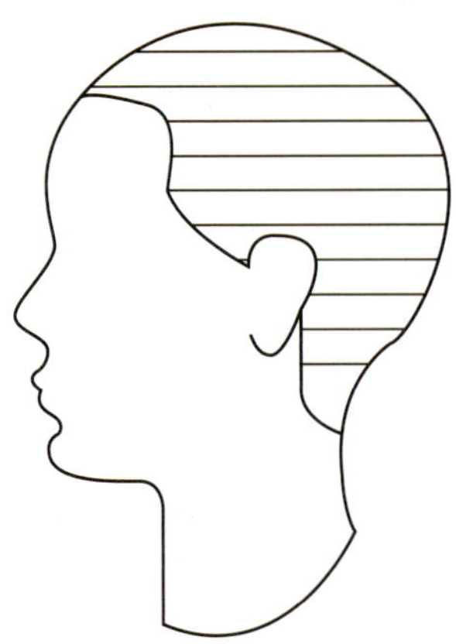

2. 수직 파팅 Vertical Parting

① 세로 또는 수직으로 섹션을 나누는 것이다.

② 그래쥬에이션 또는 레이어커트 같은 상하의 층을 많이 나는 커트 시 사용된다.

③ 부드러운 질감과 가벼운 층을 표현하는 헤어스타일 시술 시 사용되는 섹션이다.

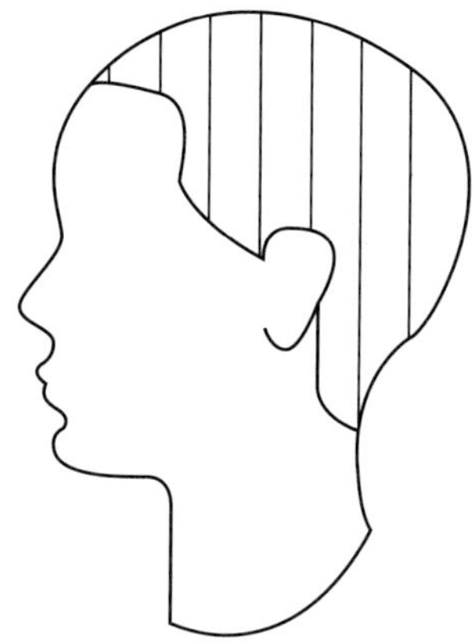

3. 사선 파팅 Diagonal Parting

① 두상을 사선으로 나누는 것이다.

② 앞뒤 기장을 다르게 커트하여 커트선이 A라인, VU라인으로 표현되는 스타일을 시술할 때 사용하는 섹션이다.

③ 두상에서 얼굴방향으로 내려가는 전대각 섹션Concave Section과 두상에서 얼 방향으로 올라가는 후대각 섹션Convex Section으로 나뉜다.

4. 방사선 파팅 Pivot Parting

① 버티컬 섹션vertical Section을 응용한 섹션으로 탑 포인트T.P에서 방사선으로 균등하게 분할하여 섹션을 나눈 것이다.

② 두상의 두정부크라운, Crown를 쉽게 시술하기 위하여 활용되는 방법이다.

③ 수직 섹션과 같이 층을 많이 내는 스타일에 활용한다.

④ 레이디얼 섹션Radial Section이라고도 한다.

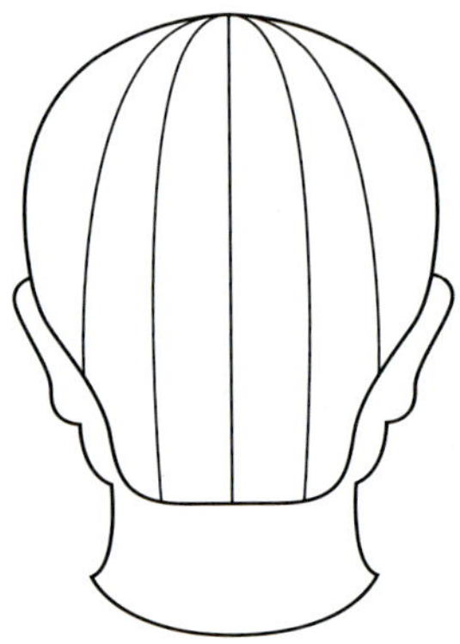

4 분배Distribuntion

1. 자연 분배 Natural Distribuntion

파팅에 있어 모발이 중력방향으로 자연스럽게 떨어지며, 원랭스 커트시 사용되며 각도는 0°이다.

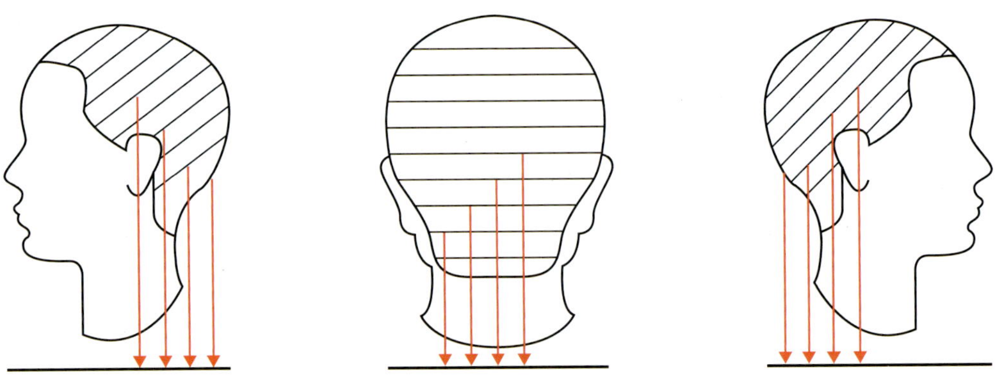

2. 직각 분배 Perpendicular Distribuntion

파팅에 있어 모발이 직각으로 떨어지며 수직 분배라고도 하며, 그래쥬에이션과 레이어커트시 사용되며 각도는 90°이다.

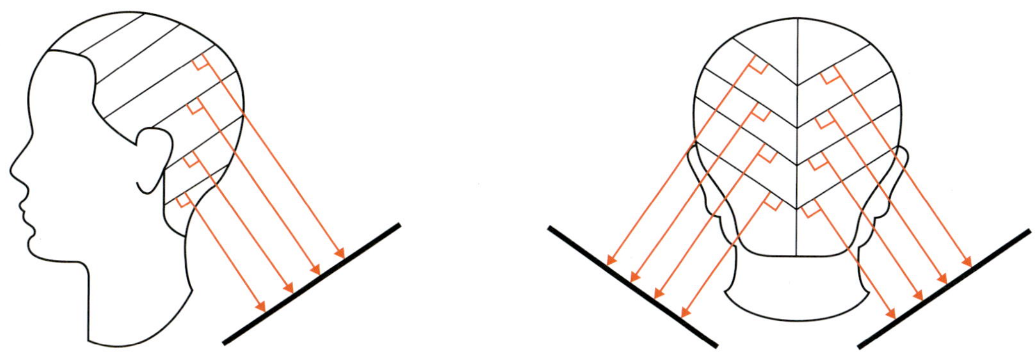

3. 변이 분배 Variation Distribuntion

파팅에 있어 모발이 임의적인 모든 방향이며, 긴 머리와 짧은 머리 연결 시 사용한다.

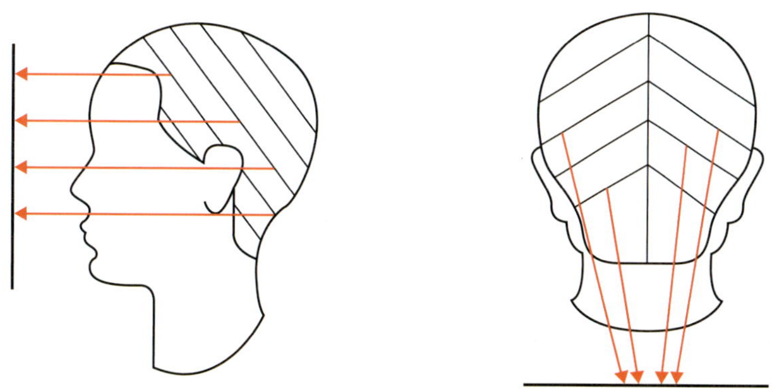

4. 방향 분배 Directional Distribuntion

일관성을 유지하기 위해 특정 방향을 정해두고 파팅과 상관없이 한 방향을 향해 빗질한다.

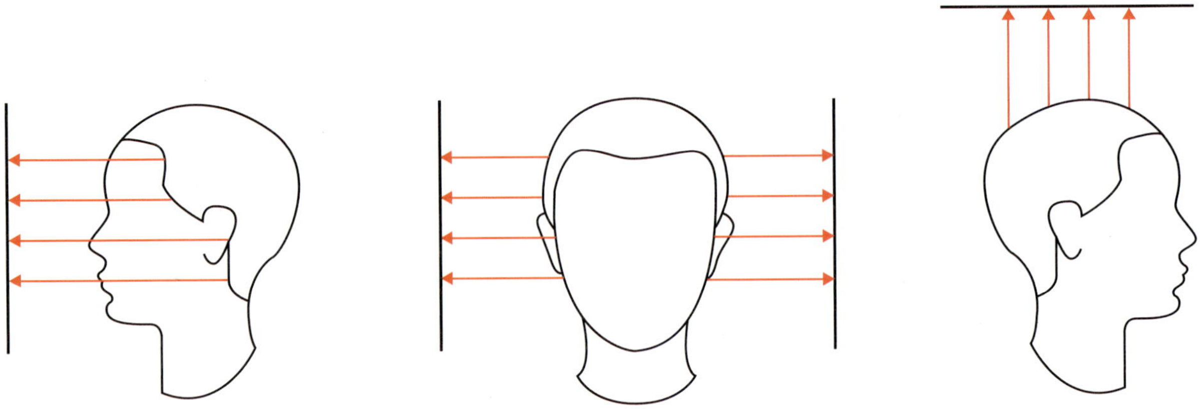

5. 시술각

1. 자연시술각

① 중력에 의해 자연스럽게 떨어지는 그대로의 방향이다.

② 천체축을 기준으로 한 각도이다.

③ 원랭스0° 또는 자연 시술각, 그래쥬에이션1~89°, 인크리스 레이어0°, 45°, 90°, 유니폼 레이어두상 곡면 90° 등이 있다.

2. 일반시술각

① 두상에서 들어올리는 각도이다.

② 두상 곡면의 접점이 기준이다.

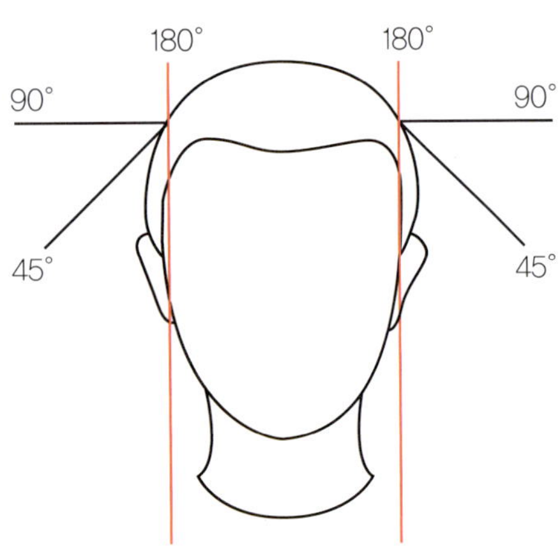

자연 시술각

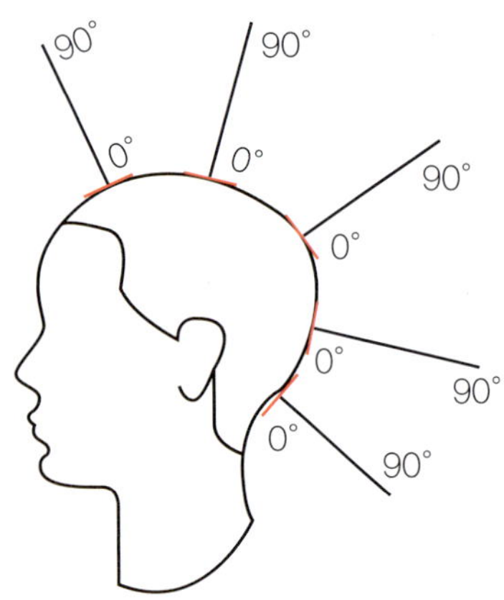

일반 시술각

6. 손가락 위치Finger Position

1. 평행 손가락 위치Parallel Finger Position

손가락의 위치는 파팅과 평행하게 커트하여 파팅과 형태선이 평행하게 나타난다.

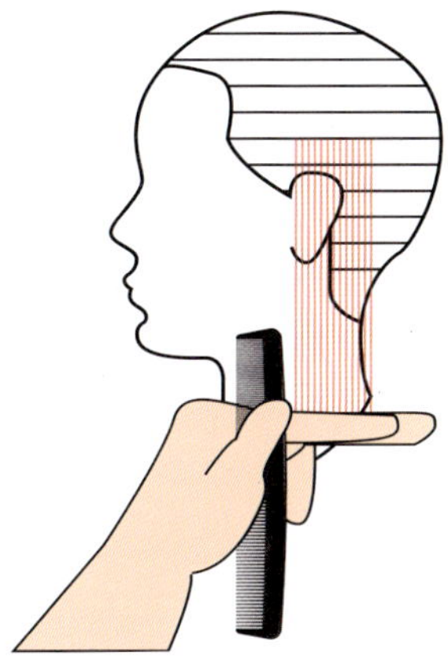

2. 비 평행 손가락 위치Non Parallel Finger Position

손가락의 위치는 파팅과 비평행하게 커트하여 파팅과 형태선이 비평행하게 나타나 길이를 증가시킬 수 있다.

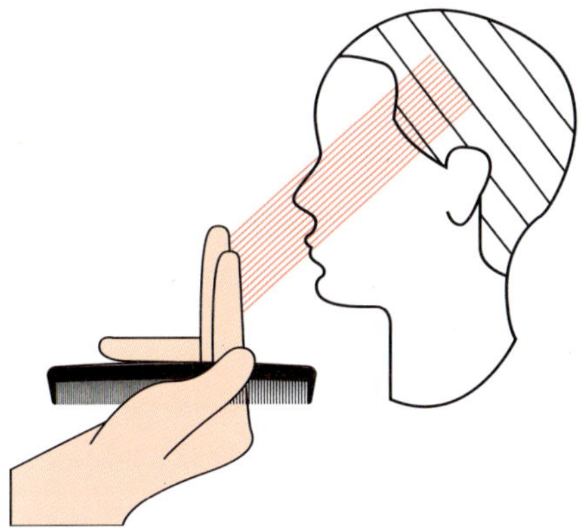

7. 디자인 라인 Design Line

1. 고정 디자인 라인 Stationary Design Line

① 가이드를 설정하여 모든 모발을 모아 커트한다.

② 디자인 라인이 이동하지 않아 끌고 온 모발의 길이가 길어진다.

③ 고정디자인 라인에는 원랭스, 인크리스 레이어가 있다.

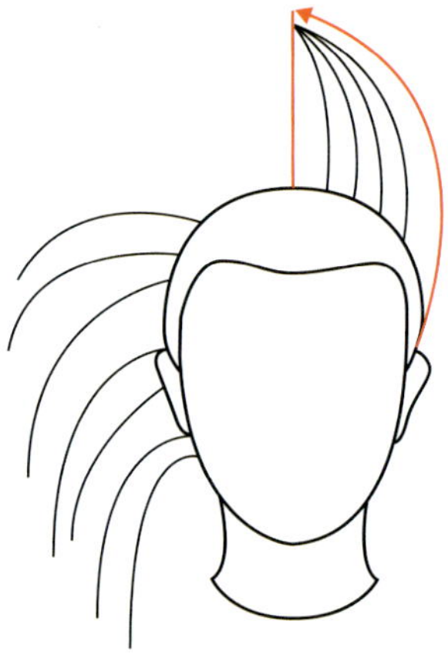

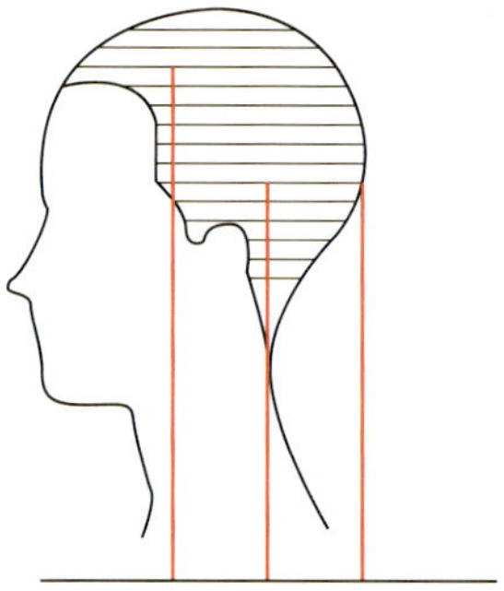

2. 이동 디자인 라인 Mobile Design Line

① 가이드를 설정하지 않고 이동한다.

② 커트 시 전의 커트가 가이드로 사용된다.

③ 이동디자인 라인에는 그래쥬에이션, 유니폼 레이어가 있다.

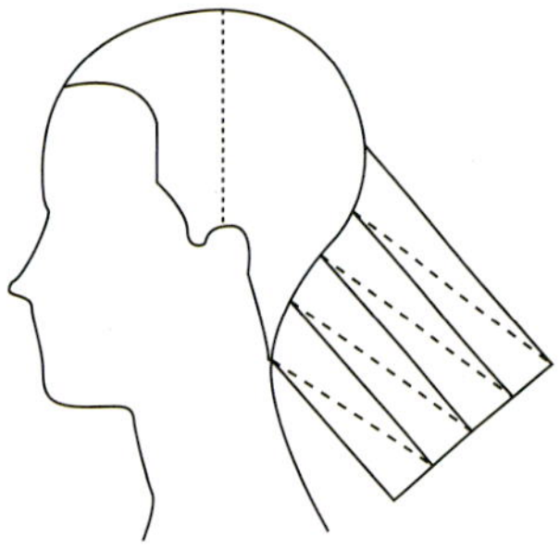

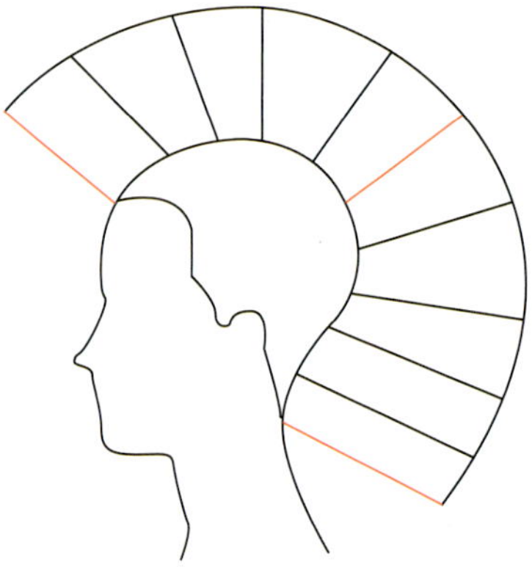

8. 베이스의 종류

1. 온 더 베이스 On the Base

① 가장 기본이 되는 베이스이다.

② 베이스의 중심이 90°가 되도록 모아서 커트하여 좌우 동일한 커트가 된다.

③ 자연스러운 연결을 위해 베이스의 폭이 넓어지지 않도록 한다.

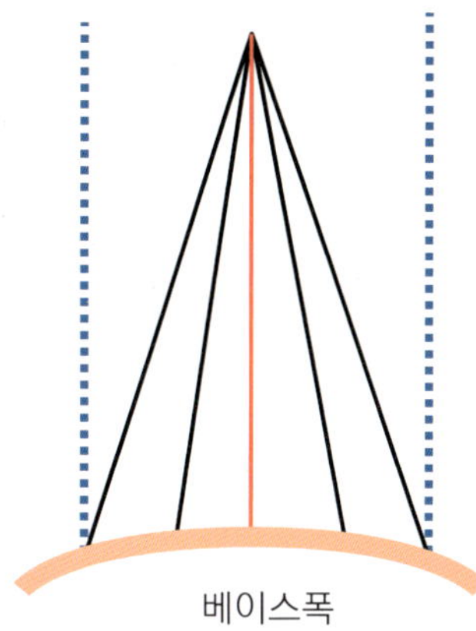

2. 사이드 베이스 Side the base

① 베이스의 중심이 좌측 또는 우측으로 설정하여 90°가 되도록 모아서 커트한다.

② 설정된 기준에서 멀어질수록 모발의 길이가 점점 길어진다.

③ 베이스의 양에 따라 길이의 변화를 조절할 수 있다.

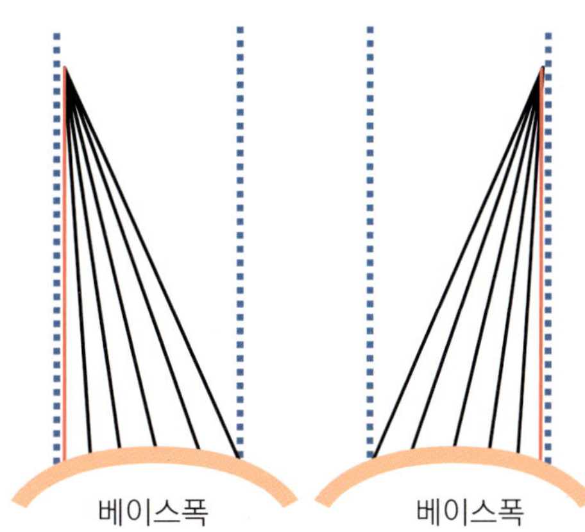

3. 오프 더 베이스 Off the base

① 베이스 폭을 벗어나도록 모발을 잡는다.

② 좌우 방향으로 얼마나 당기는지에 따라 길이증가 비율이 변화된다.

③ 급격한 모발의 길이 변화가 필요할 때 사용된다.

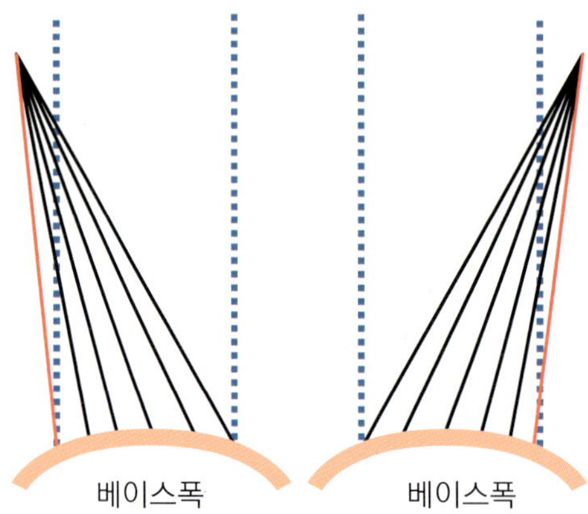

4. 프리 베이스 Free Base

① 자연스러운 길이 변화가 나타난다.

② 온더베이스와 사이드 베이스의 중간형태이다.

③ 급격한 모발의 길이 변화가 필요하지 않을 때 사용된다.

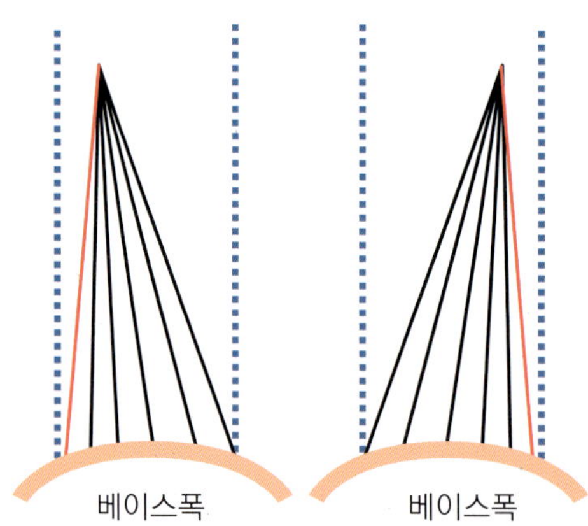

5. 트위스트 베이스 Twist Base

① 베이스를 꼬아서 베이스간의 연결이 필요할 때, 긴 모발과 짧은 모발을 연결할 때 사용된다.

② 모든 베이스에서 사용이 가능하다.

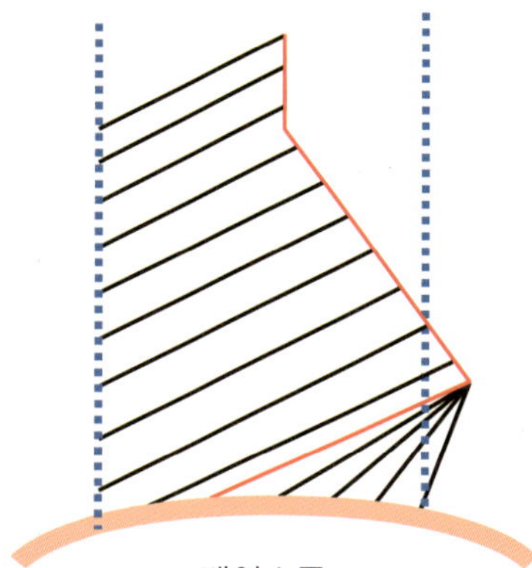

베이스폭

Chapter 5

두상 포인트

1. 두상의 기본 포인트

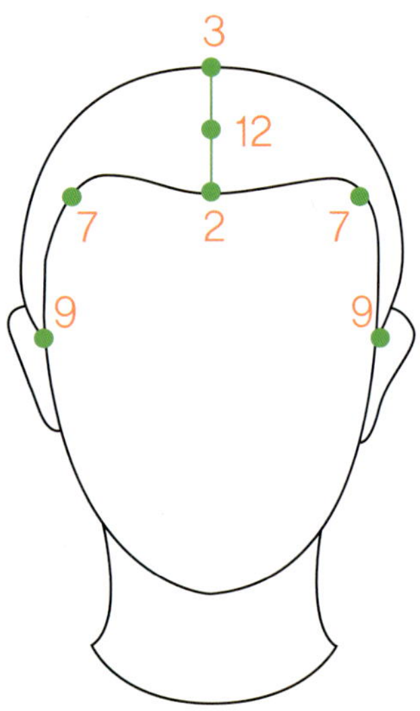

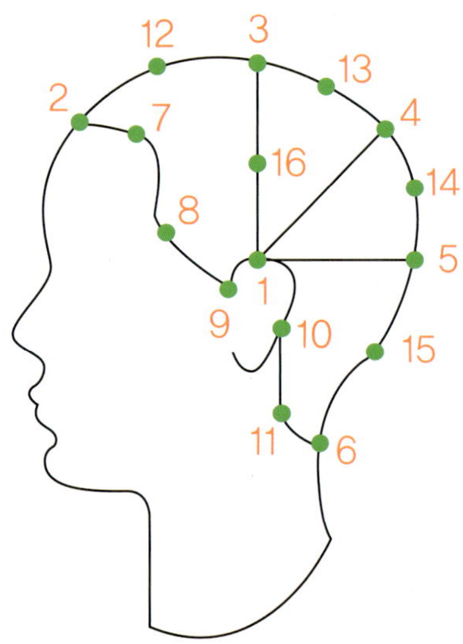

번호	약어	용어
①	E·P	이어 포인트 Ear Point
②	C·P	센타 포인트 Center Point
③	T·P	탑 포인트 Top Point
④	G·P	골덴 포인트 Golden Point
⑤	B·P	백 포인트 Back Point
⑥	N·P	네이프 포인트 Nape Point
⑦	F·S·P	프론트 사이드 포인트 Front Side Point
⑧	S·P	사이드 포인트 Side Point
⑨	S·C·P	사이드 코너 포인트 Side Corner Point
⑩	E·B·P	이어 백 포인트 Ear Back Point
⑪	N·S·P	네이프 사이드 포인트 Nape Side Point
⑫	C·T·M·P	센타 탑 미디움 포인트 Center Top Medium Point
⑬	T·G·M·P	탑 골덴 미디움 포인트 Top Golden Medium Point
⑭	G·B·M·P	골덴 백 미디움 포인트 Golden Back Medium Point
⑮	B·N·M·P	백 네이프 미디움 포인트 Back Nape Medium Point
⑯	E·T·M·P	이어 탑 미디움 포인트 Ear Top Medium Point

Chapter 6

원랭스 커트

관찰 단계	내용 원랭스 커트
Shape 모양	종모양
Design 디자인	수평 라인, 전대각 라인, 후대각 라인, 곡선 라인 컨케이브, 컨백스
Weight 무게	• 형태선에 무게감 형성 • 층이 없는 일직선의 동일 선상
Texture 질감	• 100% 언액티베이트 Unactivaed • 잘린 끝이 보이지 않는 표면의 질감 매끄러움
Structure 구조	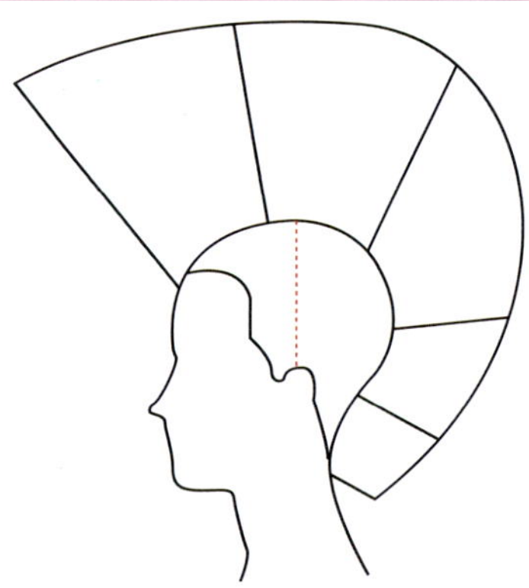 네이프 길이가 짧고 탑으로 갈수록 길이 증가

1. 솔리드 수평 헤어커트원랭스

구조 / 파팅	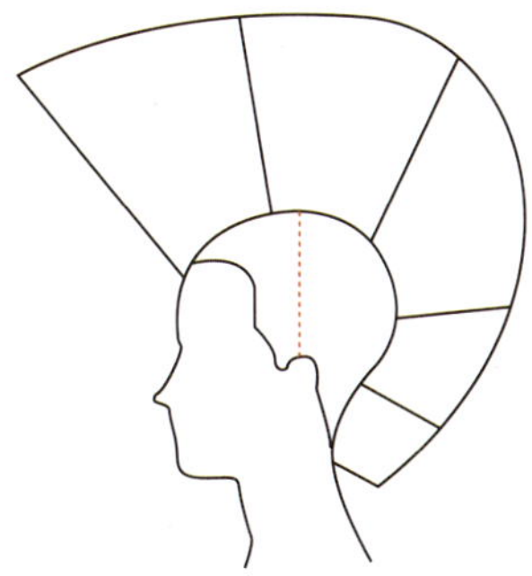	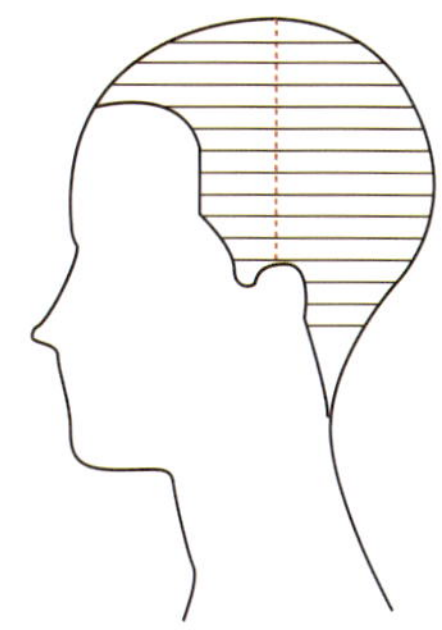	
완성 작품			
	정면	측면	후면

솔리드원랭스 수평커트 라인	
절 차	내 용
Section 섹션	센터, 이어 투 이어
Head Position 머리 포지션	똑바로
Parting 파팅	수평 파팅
Distribute 분배	자연 분배
Project 시술각	자연 시술각, 0°
Fingers Position 손가락 위치	파팅과 평행
Guide-Line 가이드 라인	고정 디자인 라인
Technic 테크닉	블런트

1. 브로킹

- 센터 파트, 이어 투 이어 파트

2. 네이프

- 머리 위치 똑바로, 수평 파팅 Parting, 자연 분배 Nature distribution 로 빗질
- 자연 시술각 0°로 커트
- 손가락 위치는 파팅과 평행하게 시술

3. 크라운

- 머리 위치 똑바로, 수평 파팅 Parting , 자연 분배 Nature distribution 로 빗질
- 자연 시술각 0°로 커트
- 손가락 위치는 파팅과 평행하게 시술

4. 사이드

- 수평 파팅으로 나눈 후 자연 분배
- 자연 시술각 0° 각도 설정한 후 평행하게 커트 눈을 가리는 부분은 곡면 분배사용
- 반대편도 동일한 방법으로 커트

5. 완성

2. 솔리드 전대각 헤어커트원랭스

<table>
<tr><td>구조
/
파팅</td><td colspan="3">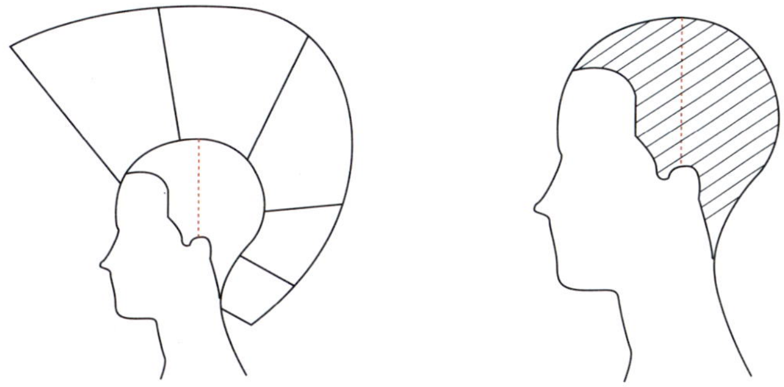</td></tr>
<tr><td rowspan="2">완성 작품</td><td></td><td></td><td></td></tr>
<tr><td>정면</td><td>측면</td><td>후면</td></tr>
</table>

솔리드원랭스 전대각 라인	
절 차	내 용
Section 섹션	센터, 이어 투 이어
Head Position 머리 포지션	똑바로
Parting 파팅	전대각 파팅
Distribute 분배	자연 분배
Project 시술각	자연 시술각, 0°
Fingers Position 손가락 위치	파팅과 평행
Guide–Line 가이드 라인	고정 디자인 라인
Technic 테크닉	블런트

1. 브로킹

- 센터 파트, 이어 투 이어 파트

2. 네이프

- 머리 위치 똑바로, 수평 파팅 Parting, 자연 분배 Nature distribution 로 빗질
- 자연 시술각 0°로 커트
- 손가락 위치는 파팅과 평행하게 시술

3. 크라운

- 머리 위치 똑바로, 수평 파팅 Parting, 자연 분배 Nature distribution 로 빗질
- 자연 시술각 0°로 커트
- 손가락 위치는 파팅과 평행하게 시술

4. 사이드

- 전대각 파팅으로 나눈 후 자연분배
- 자연 시술각 0° 각도 설정한 후 평행하게 커트 눈을 가리는 부분은 곡면 분배사용
- 반대편도 동일한 방법으로 커트

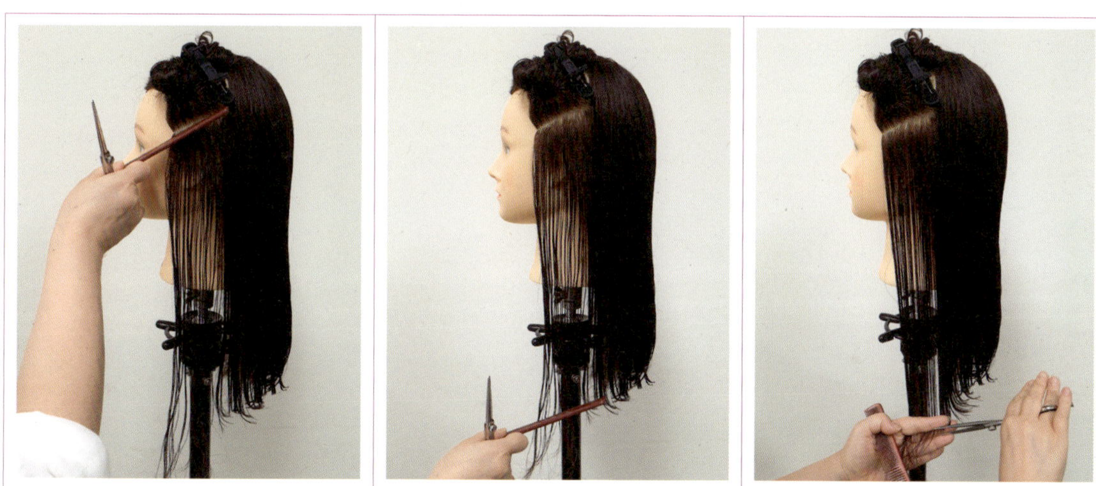

5. 완성

3. 솔리드 후대각 헤어커트원랭스

구조 / 파팅	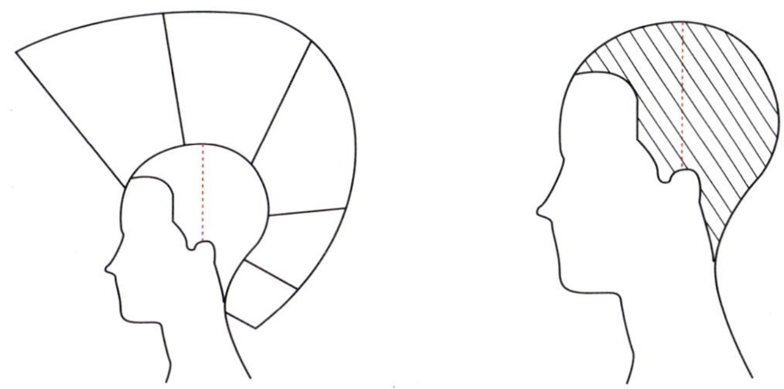		
완성 작품			
	정면	측면	후면

솔리드원랭스 후대각 라인	
절 차	내 용
Section 섹션	센터, 이어 투 이어
Head Position 머리 포지션	똑바로
Parting 파팅	후대각 파팅
Distribute 분배	자연 분배
Project 시술각	자연 시술각, 0°
Fingers Position 손가락 위치	파팅과 평행
Guide-Line 가이드 라인	고정 디자인 라인
Technic 테크닉	블런트

1. 브로킹

- 센터 파트, 이어 투 이어 파트

2. 네이프

- 머리 위치 똑바로, 후대각 파팅 Parting , 자연 분배 Nature distribution 빗질
- 자연 시술각 0° 커트
- 손가락 위치는 파팅과 평행하게 시술

3. 크라운

- 머리 위치 똑바로, 후대각 파팅 Parting, 자연 분배 Nature distribution 빗질
- 자연 시술각 0° 커트
- 손가락 위치는 파팅과 평행하게 시술

4. 사이드

- 후대각 파팅으로 나눈 후 자연 분배
- 자연 시술각 0° 각도 설정한 후 평행하게 커트 눈을 가리는 부분은 곡면 분배사용
- 반대편도 동일한 방법으로 커트

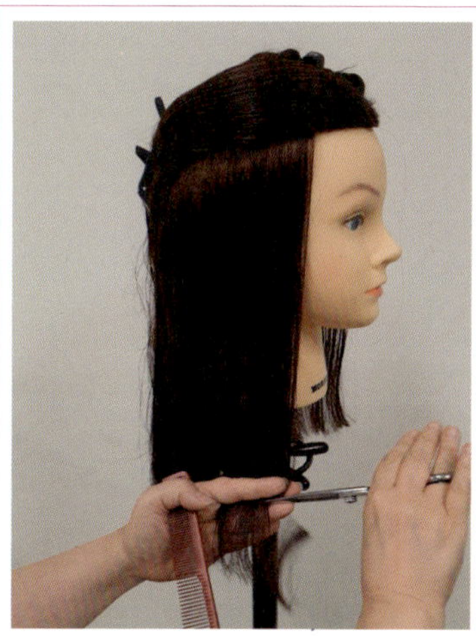

5. 완성

Chapter 7

그래쥬에이션 커트

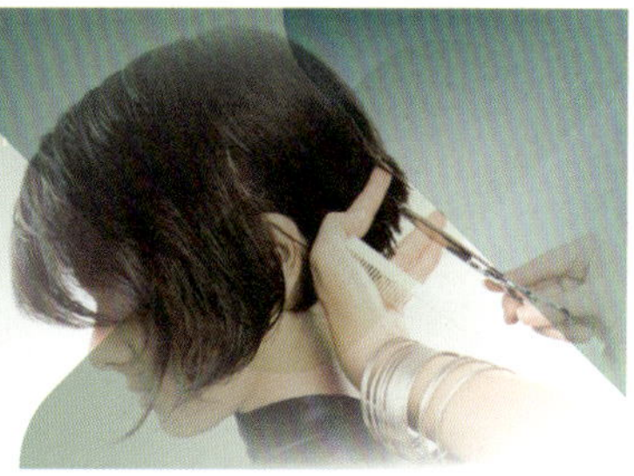

관찰 단계	내용 그래쥬에이션 커트
Shape 모양	삼각형 모양
Design 디자인	• 수평 라인 : 평행 그래쥬에이션 • 전대각 라인 : 증가 그래쥬에이션 • 후대각 라인 : 감소 그래쥬에이션
Weight 무게	• 형태선 위쪽 무게감 형성 • 무게선과 릿지라인
Texture 질감	콤비네이션Combination 두 가지 표면의 질감
Structure 구조	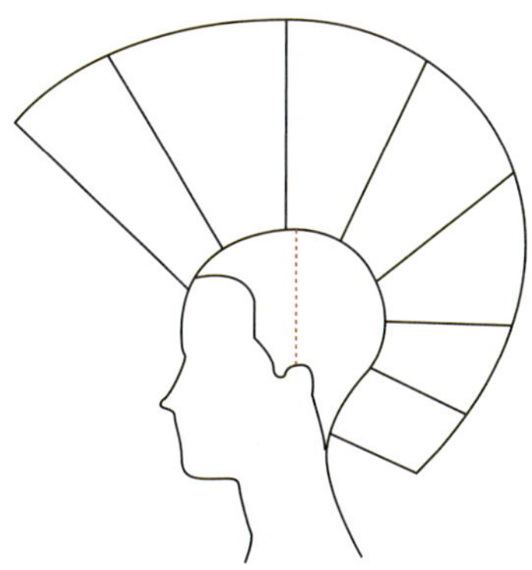 인테리어에서 엑스테리어로 갈수록 길이 감소

1. 그래쥬에이션 전대각 라인낮은 시술각

구조 / 파팅	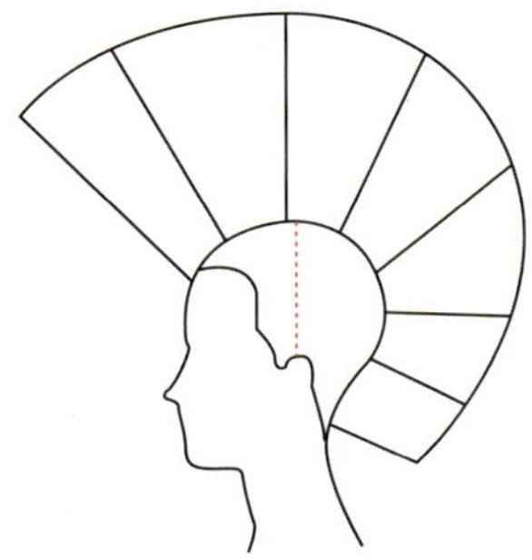 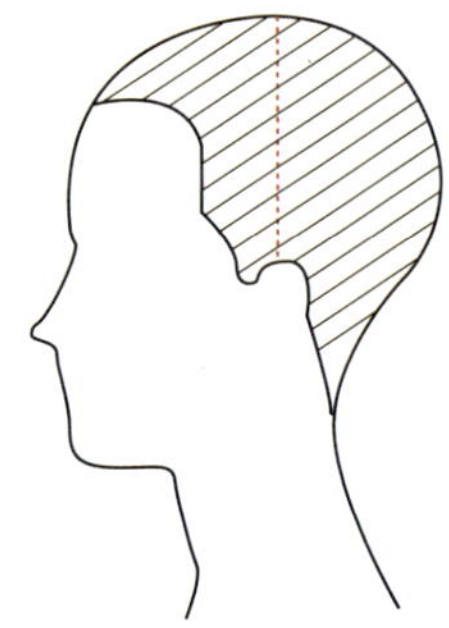		
완성 작품			
	정면	측면	후면

그래쥬에이션 전대각 라인낮은 시술각	
절 차	내 용
Section 섹션	센터, 이어 투 이어
Head Position 머리 포지션	똑바로
Parting 파팅	전대각 파팅
Distribute 분배	직각 분배
Project 시술각	낮은 시술각 30°
Fingers Position 손가락 위치	파팅과 평행
Guide-Line 가이드 라인	고정 디자인 라인
Technic 테크닉	블런트

1. 브로킹

- 센터 파트, 이어 투 이어 파트

2. 네이프

- 양쪽 네이프 시작으로 길이 밸런스 맞게 전대각 파팅
- 양쪽 전대각 파팅, 직각 분배, 시술각 30°, 손 위치 평행
- 고정 디자인으로 진행

3. 크라운

- 마지막 부분은 성장패턴과 직각 분배 , 시술각 30°, 손 위치 평행
- 고정 디자인으로 진행

4. 사이드

- 전대각 파팅으로 나눈 후 직각 분배
- 시술각 30°, 손의 위치 평행, 고정 디자인
- 반대편도 동일한 방법으로 커트

5. 완성

2. 그래쥬에이션 전대각 라인중간 시술각

구조 / 파팅	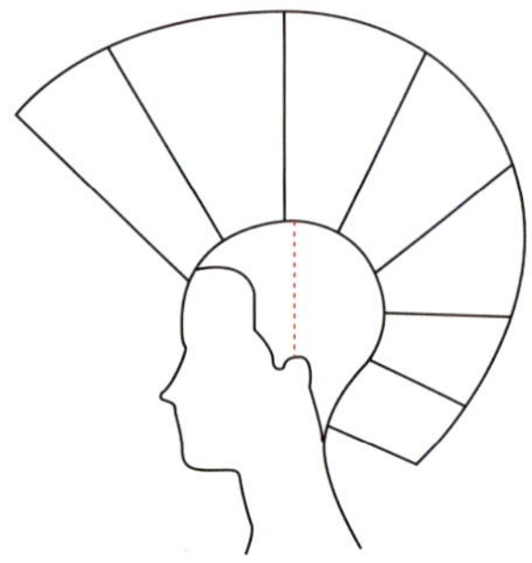		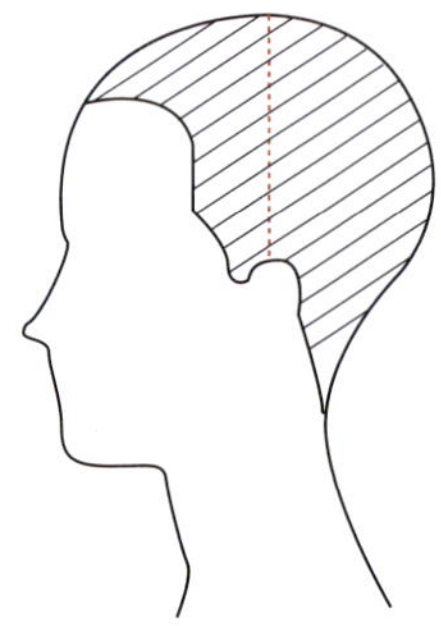
완성 작품			
	정면	측면	후면

그래쥬에이션 전대각 라인중간 시술각	
절 차	내 용
Section 섹션	센터, 이어 투 이어
Head Position 머리 포지션	똑바로
Parting 파팅	전대각 파팅
Distribute 분배	직각 분배
Project 시술각	중간 시술각, 45°
Fingers Position 손가락 위치	파팅과 평행
Guide-Line 가이드 라인	이동, 고정 디자인 라인
Technic 테크닉	블런트

1. 브로킹

- 센터 파트, 이어 투 이어 파트

2. 네이프

- 양쪽 네이프 시작으로 길이 밸런스 맞게 전대각 파팅
- 양쪽 전대각 파팅, 직각 분배, 시술각 45°, 손 위치 평행
- 이동 디자인으로 진행

3. 크라운

- 크레스트 시작점부터 고정 디자인, 직각 분배, 시술각 45°, 손 위치 평행
- 고정 디자인으로 진행

4. 사이드

- 전대각 파팅으로 나눈 후 직각 분배
- 시술각 45°, 손의 위치 평행, 고정 디자인
- 반대편도 동일한 방법으로 커트

5. 완성

3. 그래쥬에이션 수평 라인낮은 시술각

구조 / 파팅	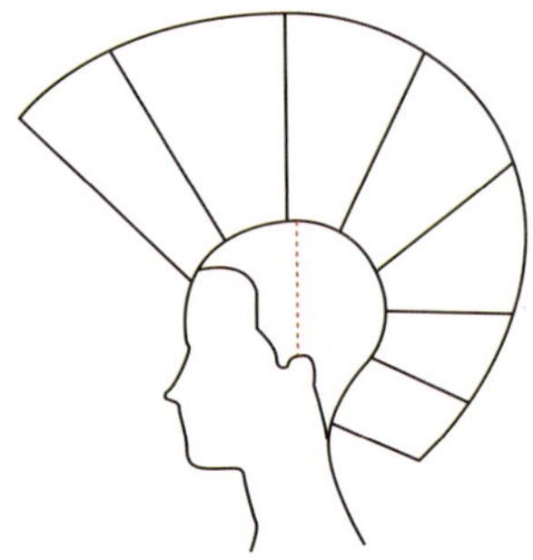	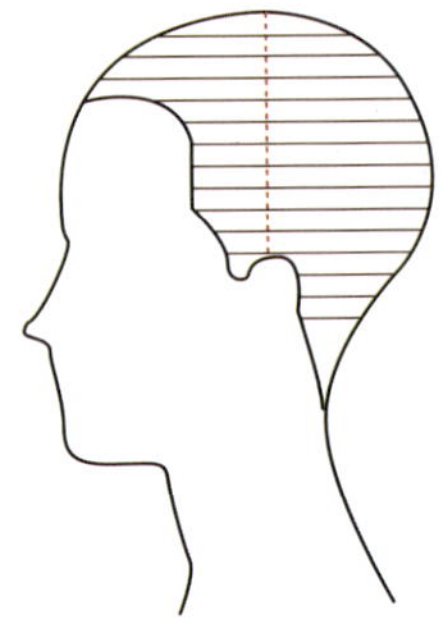	
완성 작품			
	정면	측면	후면

그래쥬에이션 수평 라인낮은 시술각	
절 차	내 용
Section 섹션	센터, 이어 투 이어
Head Position 머리 포지션	똑바로
Parting 파팅	수평 파팅
Distribute 분배	직각 분배
Project 시술각	낮은 시술각, 30°
Fingers Position 손가락 위치	파팅과 평행
Guide-Line 가이드 라인	고정 디자인 라인
Technic 테크닉	블런트

1. 브로킹

- 센터 파트, 이어 투 이어 파트

2. 네이프

- 네이프 길이 가이드 설정
- 양쪽 수평 파팅, 직각 분배, 시술각 30°, 손 위치 평행
- 고정 디자인으로 진행

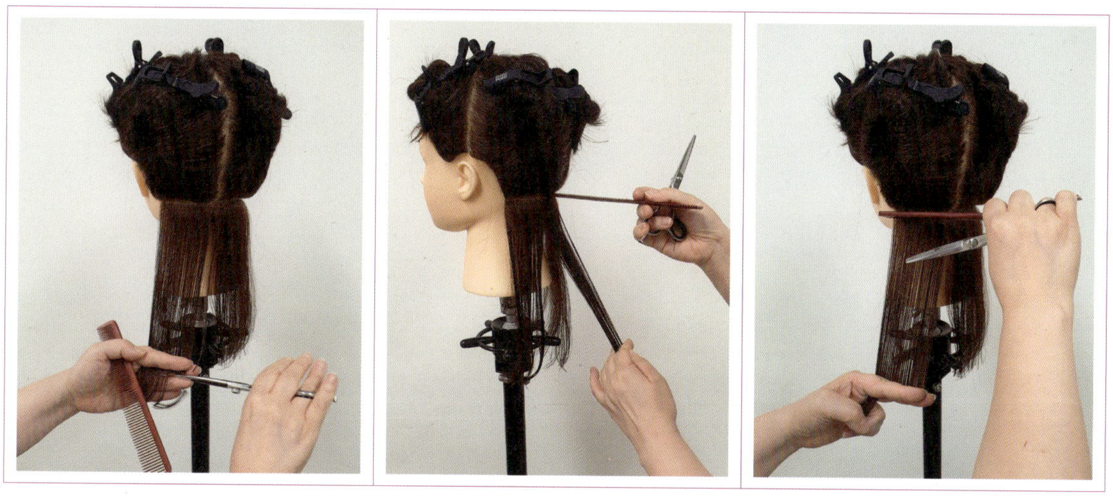

3. 크라운

- 크레스트 시작점부터 고정 디자인, 직각 분배, 시술각 30°, 손 위치 평행
- 고정 디자인으로 진행

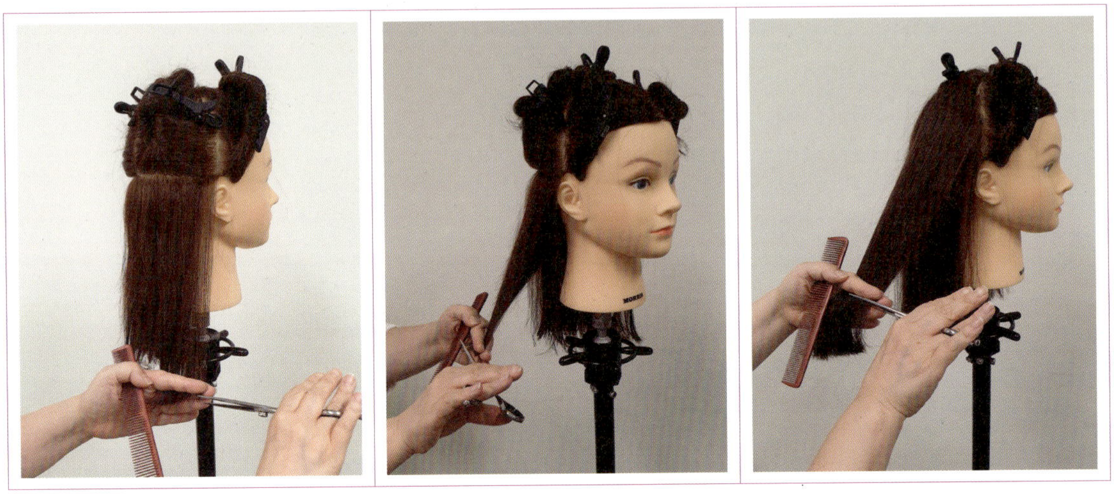

4. 사이드

- 수평 파팅으로 나눈 후 직각 분배
- 시술각 30°, 손의 위치 평행, 고정 디자인
- 반대편도 동일한 방법으로 커트

5. 완성

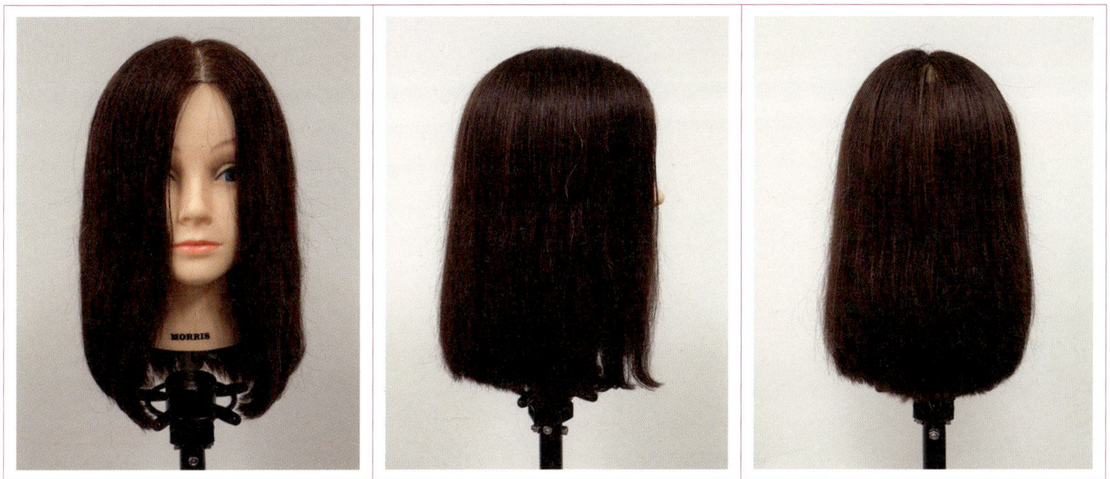

4. 그래쥬에이션 수평 라인중간 시술각

<table>
<tr><td>구조 / 파팅</td><td colspan="3">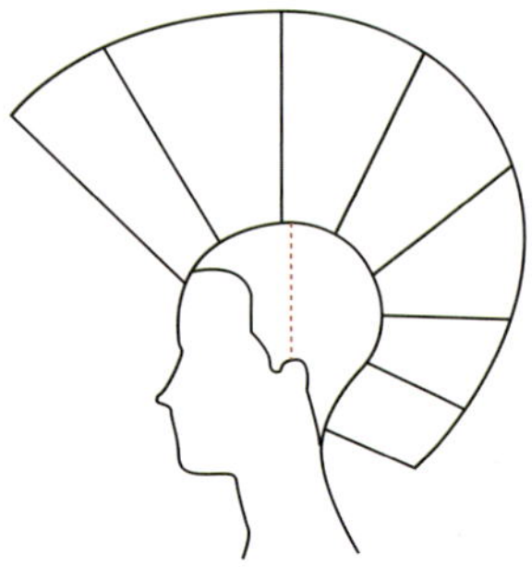 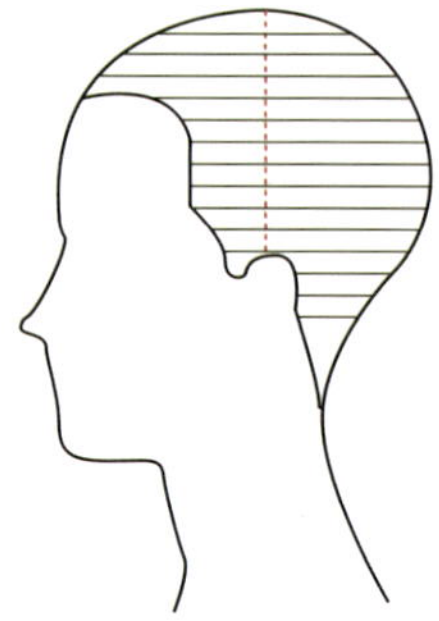</td></tr>
<tr><td rowspan="2">완성 작품</td><td></td><td></td><td></td></tr>
<tr><td>정면</td><td>측면</td><td>후면</td></tr>
</table>

그래쥬에이션 수평 라인중간 시술각	
절 차	내 용
Section 섹션	센터, 이어 투 이어
Head Position 머리 포지션	똑바로
Parting 파팅	수평 파팅
Distribute 분배	직각 분배
Project 시술각	중간 시술각, 45°
Fingers Position 손가락 위치	파팅과 평행
Guide-Line 가이드 라인	이동, 고정 디자인 라인
Technic 테크닉	블런트

1. 브로킹

• 센터 파트, 이어 투 이어 파트

2. 네이프

• 네이프 길이 가이드 설정
• 양쪽 수평 파팅, 직각 분배, 시술각 45°, 손 위치 평행
• 이동 디자인으로 진행

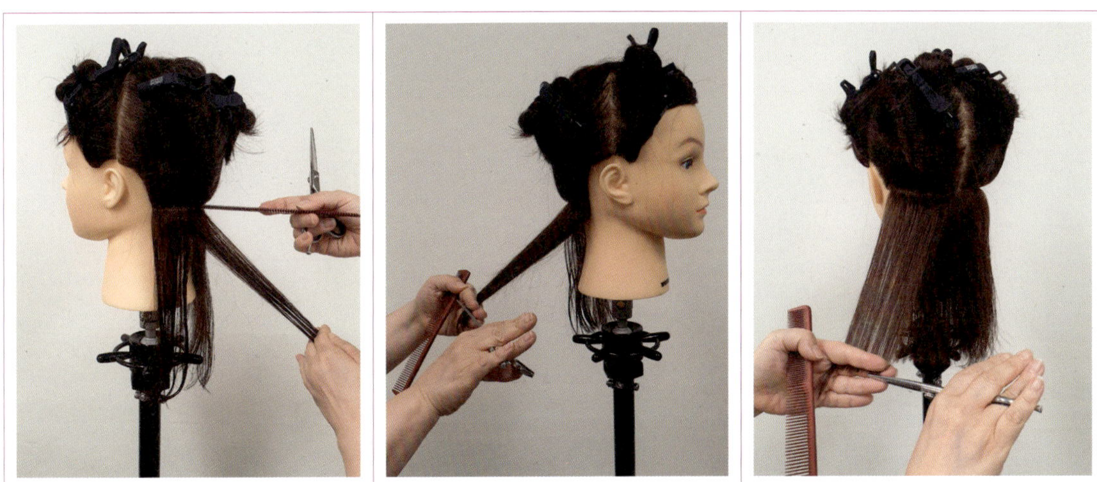

3. 크라운

- 크레스트 시작점부터 고정 디자인, 직각 분배, 시술각 45°, 손 위치 평행
- 고정 디자인으로 진행

4. 사이드

- 수평 파팅으로 나눈 후 직각 분배
- 시술각 45°, 손의 위치 평행, 고정 디자인
- 반대편도 동일한 방법으로 커트

5. 완성

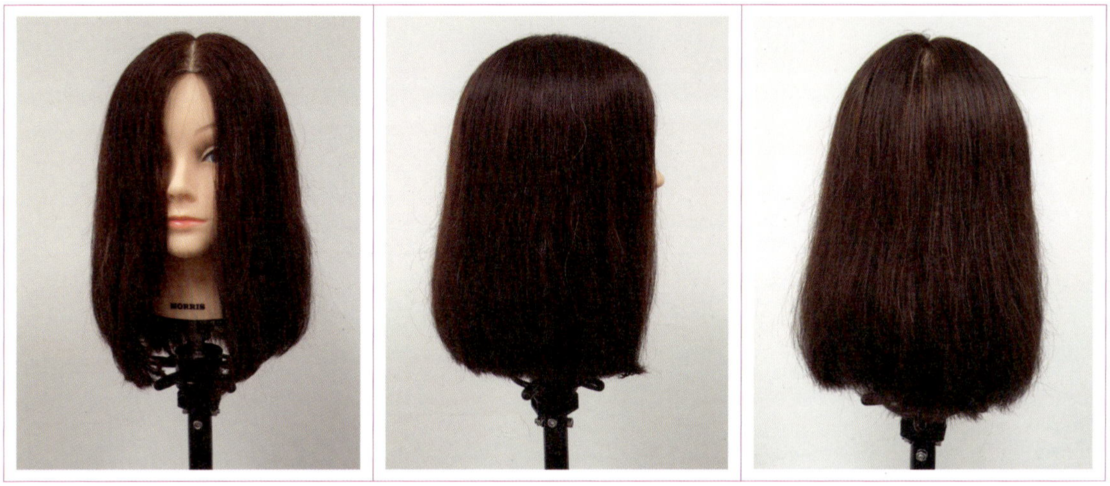

5. 그래쥬에이션 후대각 라인중간 시술각

구조 / 파팅	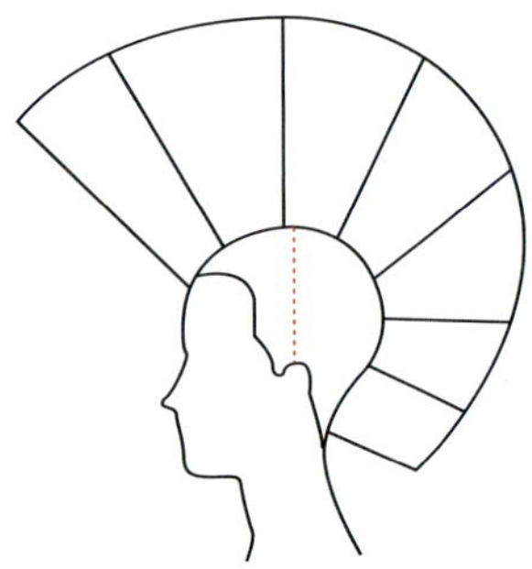	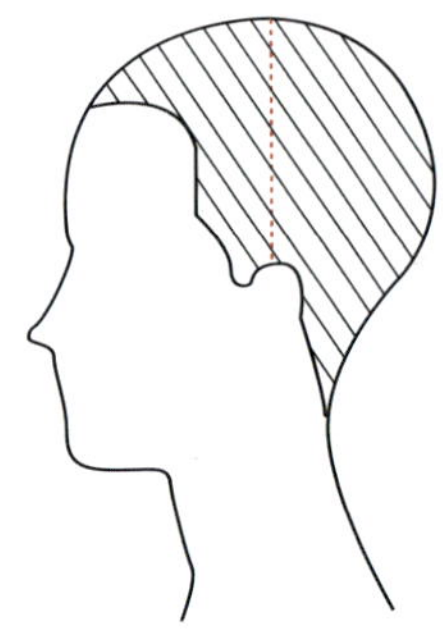	
완성 작품			
	정면	측면	후면

그래쥬에이션 후대각 라인중간 시술각	
절 차	내 용
Section 섹션	센터, 이어 투 이어
Head Position 머리 포지션	똑바로
Parting 파팅	후대각 파팅
Distribute 분배	직각 분배
Project 시술각	중간 시술각, 45°
Fingers Position 손가락 위치	파팅과 평행
Guide-Line 가이드 라인	이동, 고정 디자인 라인
Technic 테크닉	블런트

1. 브로킹

- 센터 파트, 이어 투 이어 파트

2. 네이프

- 네이프 길이 가이드 설정
- 양쪽 수평 파팅, 직각 분배, 시술각 45°, 손 위치 평행
- 이동 디자인으로 진행

3. 크라운

- 크레스트 시작점부터 고정 디자인, 직각 분배, 시술각 45°, 손 위치 평행
- 고정 디자인으로 진행

4. 사이드

- 후대각 파팅으로 나눈 후 직각 분배
- 시술각 45°, 손의 위치 평행, 고정 디자인
- 반대편도 동일한 방법으로 커트

5. 완성

Chapter 8

인크리스 레이어 커트

관찰 단계	내용 인크리스 레이어 커트
Shape 모양	긴 타원형 모양
Design 디자인	• 고정 디자인 라인 • 수평 라인 : 수평의 층 • 전대각 라인 : 후대각 층 • 후대각 라인 : 전대각 층
Weight 무게	무게감이 없음
Texture 질감	• 엑티베이트 Activaed • 머리카락 표면이 끊어져 겉모습이 거칠하게 보임
Structure 구조	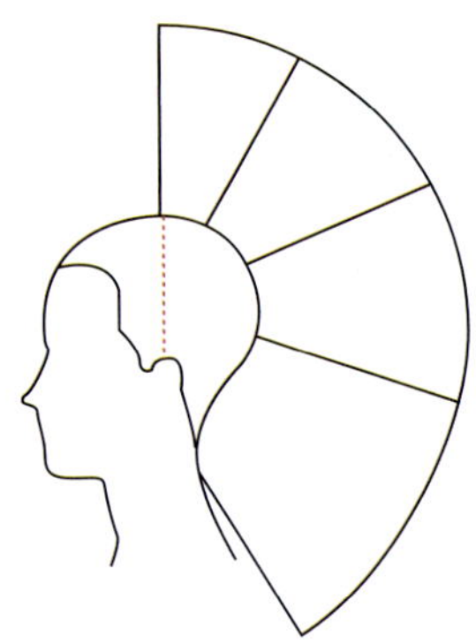 인테리어에서 엑스테리어로 갈수록 길이 감소

1. 인크리스 레이어 수직, 피봇비평행

<table>
<tr><td>구조
/
파팅</td><td colspan="3">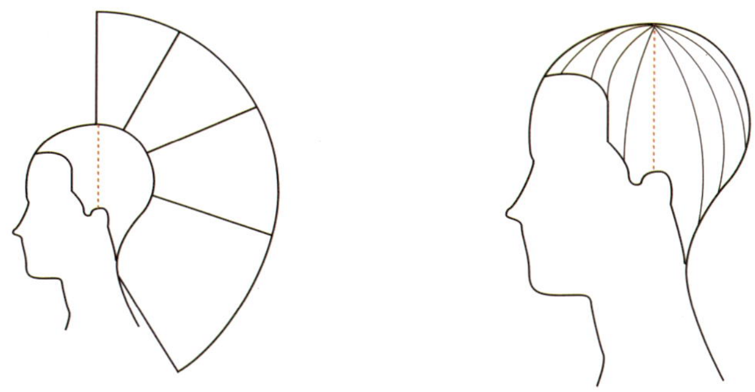</td></tr>
<tr><td rowspan="2">완성 작품</td><td></td><td></td><td></td></tr>
<tr><td>정면</td><td>측면</td><td>후면</td></tr>
</table>

인크리스 레이어 수직, 피봇비평행	
절 차	내 용
Section 섹션	센터
Head Position 머리 포지션	똑바로
Parting 파팅	수직 & 피봇 파팅
Distribute 분배	직각 분배
Project 시술각	두상 곡면 0°
Fingers Position 손가락 위치	파팅과 비평행
Guide-Line 가이드 라인	고정 디자인
Technic 테크닉	블런트

1. 브로킹

• 센터 파팅

2. 프린지

• 인테리어를 시작으로 수직 파팅, 직각 분배, 0° 각도, 비평행, 고정 디자인하여 양쪽 진행

3. 사이드

- 인테리어를 가이드로 설정, 수직 파팅, 직각분배, 0° 각도, 비평행, 고정 디자인 라인으로 양쪽 동일하게 진행

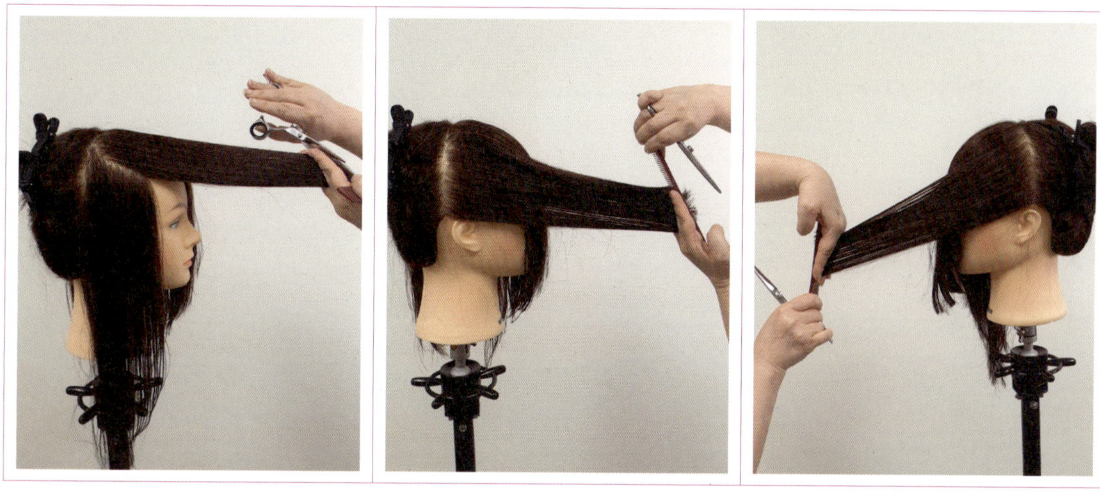

4. 백

- 피봇 파팅, 직각 분배, 0° 각도, 파팅과 비평행, 고정 디자인 라인으로 양쪽 동일하게 진행

5. 형태선

• 센터를 중심으로 좌우 라인 정리

6. 완성

2. 인크리스 레이어 수평 라인평행

<table>
<tr><td>구조
/
파팅</td><td colspan="3">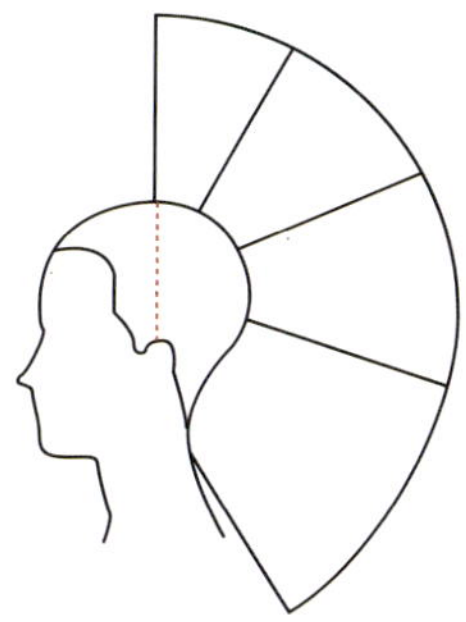 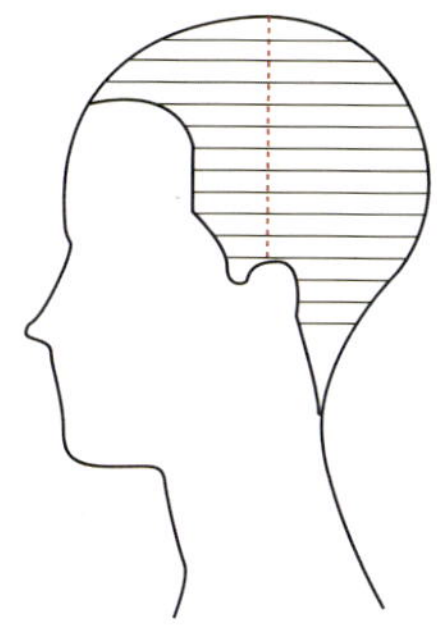</td></tr>
<tr><td rowspan="2">완성 작품</td><td></td><td></td><td></td></tr>
<tr><td>정면</td><td>측면</td><td>후면</td></tr>
</table>

인크리스 레이어 수평라인평행	
절 차	내 용
Section 섹션	센터, 이어투이어
Head Position 머리 포지션	똑바로
Parting 파팅	수평 파팅
Distribute 분배	직각 분배
Project 시술각	위로 90°
Fingers Position 손가락 위치	파팅과 평행
Guide-Line 가이드 라인	고정 디자인 라인
Technic 테크닉	블런트

1. 브로킹

- 센터 파트, 이어 투 이어 파트

2. 탑

- 수평 파팅, 직각 분배, 파팅과 평행, 고정 디자인하여 양쪽 진행

3. 사이드

- 고정 디자인 라인으로 양쪽 동일하게 진행

4. 크라운

- 수평 파팅, 직각 분배, 위로 90°, 파팅과 평행, 고정 디자인 라인으로 양쪽 동일하게 진행

5. 백

• 고정 디자인 라인으로 양쪽 동일하게 진행

6. 완성

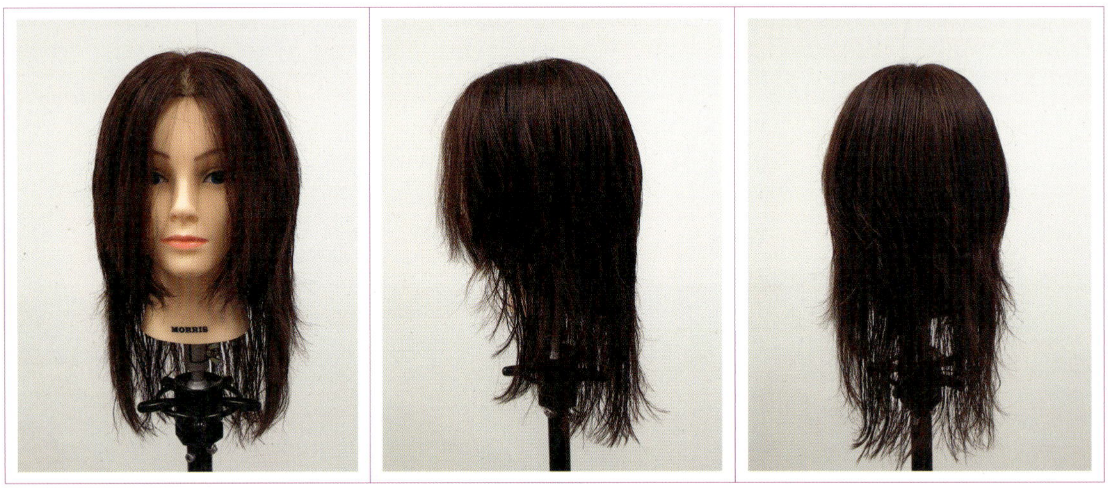

Chapter 9

유니폼 레이어 커트

관찰 단계	내용 유니폼 레이어 커트
Shape 모양	원형 모양
Design 디자인	모든 길이가 동일
Weight 무게	• 형태선에 무게감 없음 • 층이 있음
Texture 질감	100% 액티베이트 Activated
Structure 구조	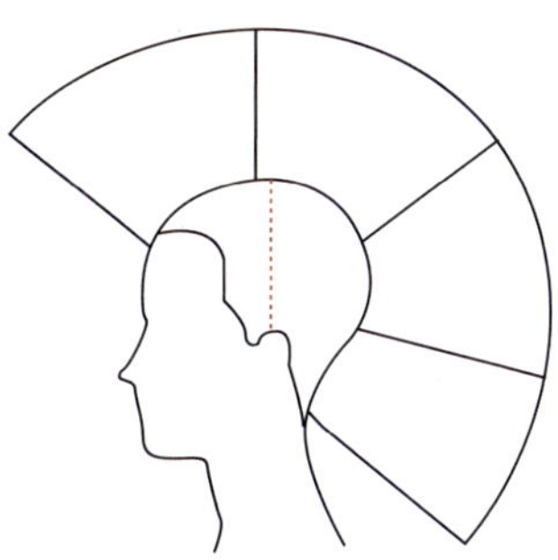 모든 머리길이 동일 무게감 생기지 않음

1. 유니폼 레이어

구조 / 파팅	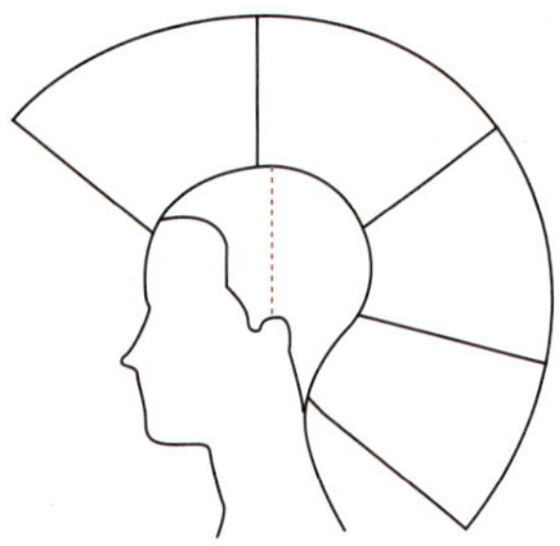 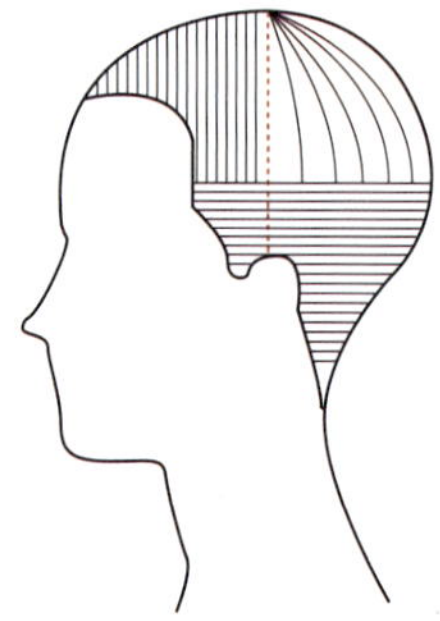		
완성 작품			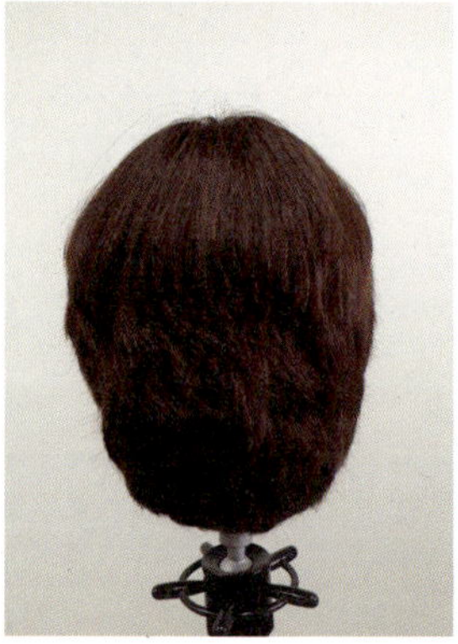
	정면	측면	후면

유니폼 레이어	
절 차	내 용
Section 섹션	센터, 이어 투 이어
Head Position 머리 포지션	똑바로
Parting 파팅	수평, 수직, 피봇 파팅
Distribute 분배	직각 분배
Project 시술각	두상 곡면 90°
Fingers Position 손가락 위치	파팅과 평행
Guide-Line 가이드 라인	이동 디자인 라인
Technic 테크닉	블런트

1. 브로킹

- 센터파트, 이어 투 이어파트

2. 네이프

- 네이프부터 수평 파팅, 직각 분배, 각도 90°로 시작하여 파팅과 평행하게 커트
- 다음 섹션부터 두상 90°로 진행하여 양쪽 길이 체크

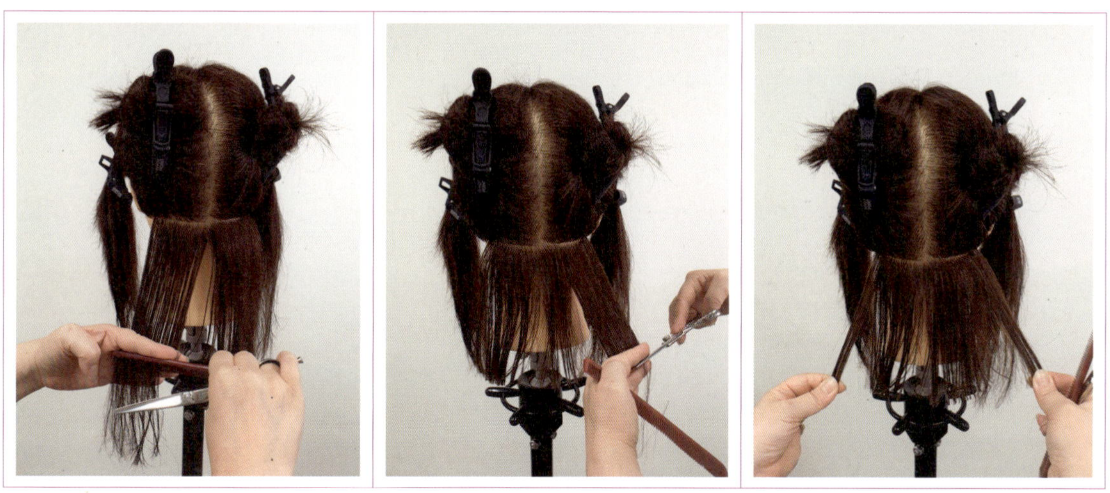

3. 백

• 두상 90°로 진행하여 수평 파팅, 직각 분배하여 파팅과 평행, 이동 디자인 라인으로 커트

4. 크라운

• 크레스트는 피봇 파팅으로 나눈 후 빗질은 직각 분배, 두상 90°, 파팅과 평행, 이동 디자인 라인으로 커트

5. 사이드

• 프론트 사이드 포인트까지 수평 파팅으로 진행 후 탑 부분은 수직 파팅으로 커트

6. 완성

PART Ⅱ

응용 헤어커트의 이해

Chapter 1

커트의 관찰과 사고

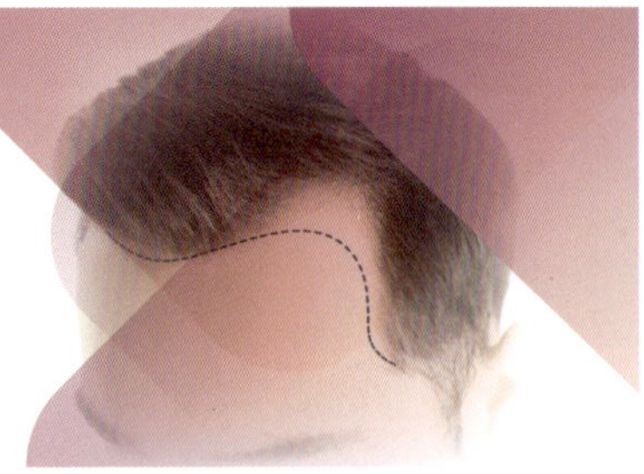

1. 헤어디자인 커트의 관찰과 사고 이해

① 헤어디자이너로서 관찰하고 사고하는 능력이 필요하다.

② 디자이너로서 대상물을 분석하는데 균형 잡힌 시각을 갖기 위해 뇌의 능력을 개발시키는 것이 중요하다.

③ 수집된 정보들을 관찰하고 분석 방법을 결정할 수 있어야 한다.

④ 뇌의좌뇌,우뇌 종합적 작용으로 각각의 측면으로 해석할 수 있어야 한다.

(1) 좌뇌

- 기술적 측면기술적, 분석적, 시간 지향적, 언어적, 논리적, 꼼꼼하고 체계적, 수리에 밝고, 분석적 특징이 나타난다.
- 커트를 하는 실제절차를 결정하기 위한 사고 후 기술을 이용하여 시술한다.

(2) 우뇌

- 예술적 측면 예술적, 미적, 시각적, 상상력, 창조적, 즉흥적, 상상력이 풍부하다.
- 고객을 바라볼 때 고객이 시술을 마쳤을 때의 완성된 결과 모습와 모습을 상상하여 시술한다.

2. 헤어스타일의 분석 방법

(1) 기본 Basic 분석

윤곽 및 형태를 확인하여 분석한다. 예 고객의 머리 형태와 실루엣 라인 확인

(2) 정밀 Detail 분석

질감 및 컬러를 분석한다. 예 고객의 모질이나 모발의 방향성, 질감, 컬러 확인

(3) 구조 Abstract 분석

추상적단계(구조그래픽)를 파악하여 분석한다. 예 고객의 머리 길이 배열

3. 모발의 방향 및 두상위치에 따른 헤어디자인 분석

(1) 모발의 방향 가마

구분	이미지	특징
홀 Whorl	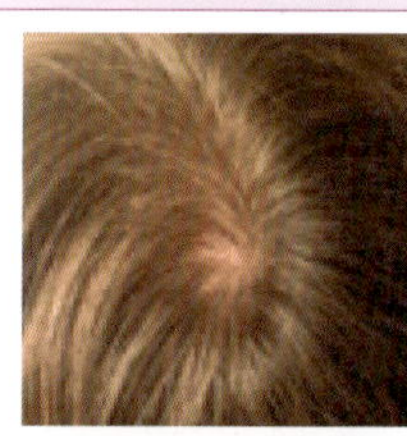	• 정수리 부분에 집중 • 방사선모양 • 강한 원형의 방향성을 가짐
카울 Cowlick	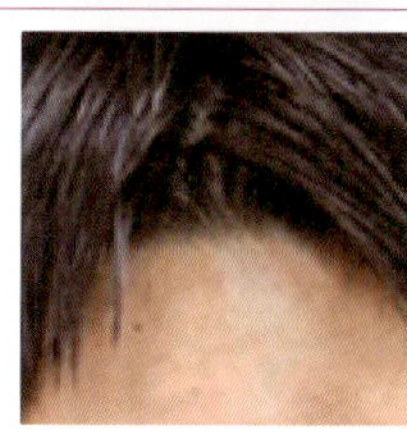	• 앞 이마부분이나 네이프 목선 • 직선물결모양 • 치켜 들뜨게 하거나 한 방향으로 형성
더블 크라운 Double Crown	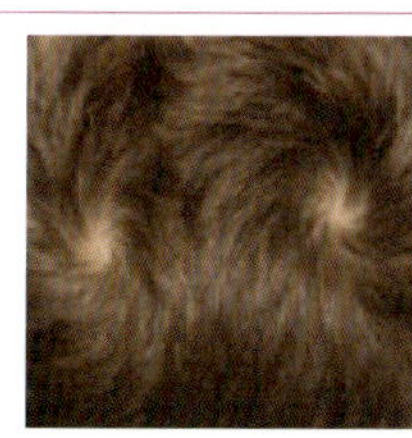	• 쌍가마 • 사방으로 뻗쳐 짧은 커트에는 주의

(2) 네이프 헤어라인

구분	이미지	특징
W형	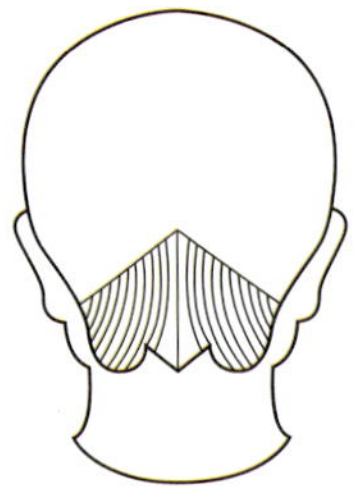	• 개성적인 타입 • 뒷머리를 길게 하는 것이좋음
A형	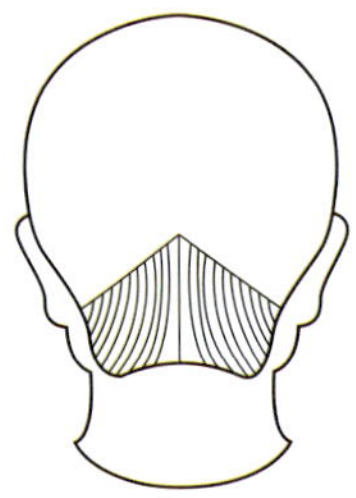	• 스퀘어 타입 • 목이 긴사람에게 어울림
U라인	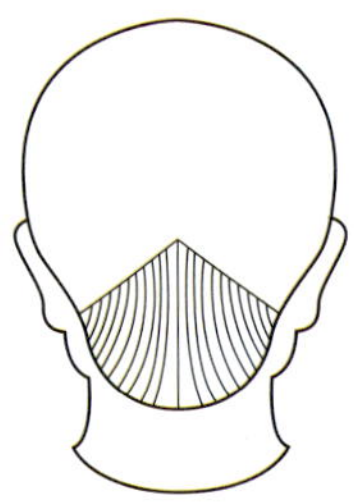	• 가장 흔한 타입 • 자연스러워 가장 많이 사용
큐피트형	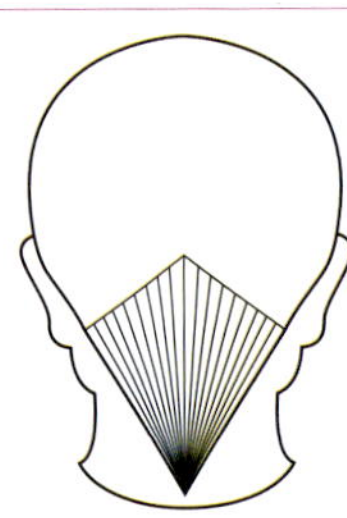	• 단정한 타입 • 동양인보다는 서양인이 많이 사용
남성형	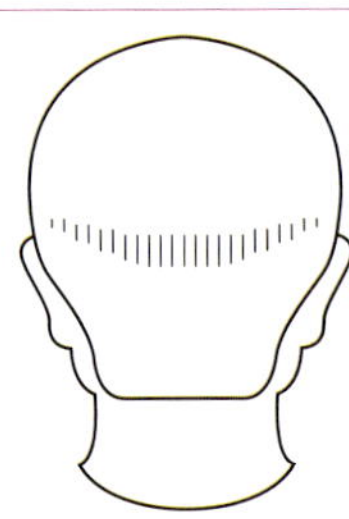	• 남성적인 타입 • 남성적 이미지 표현

(3) 골격위치에 따른 모류의 방향

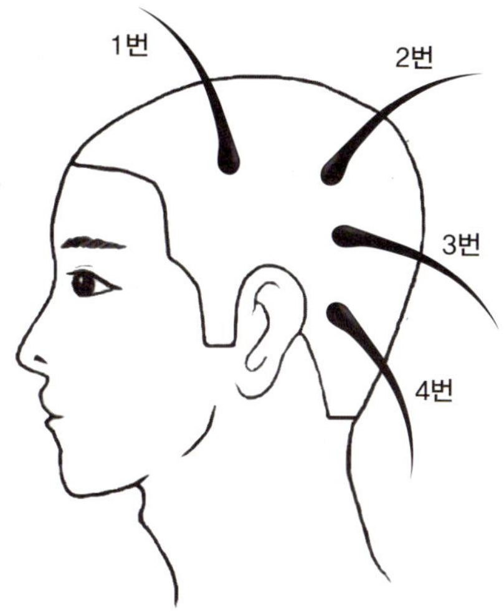

① 1번 두상 골격위치 : 대부분 모류의 방향이 앞으로 흐르는 경우가 많지만 사람마다 두상이 달라 모류의 방향이 달라진다.

② 2번 두상 골격위치 : 두상에서 가장 높은 구역으로 모발이 아래로 떨어지는 경우이다. 모류의 방향이 위로 휘어지면 역행하여 강한 볼륨이 자연스럽게 형성된다.

③ 3번 두상 골격위치 : 모류 방향이 좌·우 및 아래로 떨어져 모발이 인컬 또는 아웃컬로 형성된다.

④ 4번 두상 골격위치 : 특별한 경우를 제외하고 모류 방향이 대부분 45° 아래로 떨어지지만 위로 솟는 경우에는 모류를 잘 파악해서 짧은 헤어스타일을 연출할 때 주의한다.

(4) 두상과 위치에 따른 모류의 방향

구분	이미지	특징
앞머리	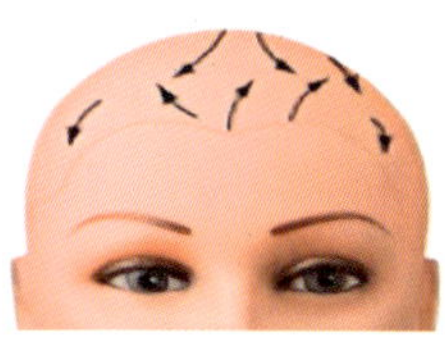	• 두상의 형태와 크기는 사람마다 다름
옆머리	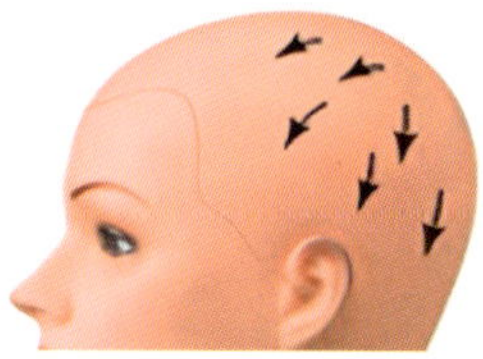	• 두상의 모양은 모류의 방향으로 떨어지는 모발 방향에 영향
뒷머리	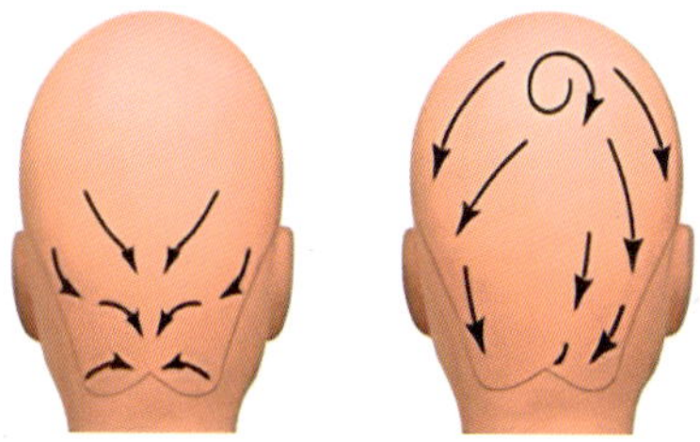	• 모발 길이와 커트라인의 방향에 영향

Chapter 2

커트의 요소

1. 길이

모발의 길이 변화로 인한 전체적인 형태와 이미지가 달라지기 때문에 고객과의 상담을 통해 길이를 정확히 체크하여 커트한다.

길이에 따라 롱헤어, 세미롱헤어, 미듐헤어, 숏헤어로 구분된다.

2. 형태선

페이스라인은 프린지와 사이드모발로 형태를 만들어 이미지에 변화를 준다. 점이 만나 선을 만들고 선이 만나 형태를 만들어 얼굴형과 이미지에 따라 모발의 외형적인 모양 실루엣, Out line 아웃라인 의 방향성을 찾아 헤어디자인을 창출할 수 있다.

[종류]

- Parallel Line 패러렐 라인 : 일자라인 / 직선형 스타일을 만들 때 사용된다. 수평 스타일
- Concave Line 컨케이브 라인 : A라인 / 스파니엘 라인 / 반구의 내부 안쪽으로 휘어진다. 전대각스타일
- Convex Line 컨벡스 라인 : U라인 / 이사도라 라인 / 반구의 외부 바깥쪽으로 휘어진다.후대각 스타일

3. 두상의 분할

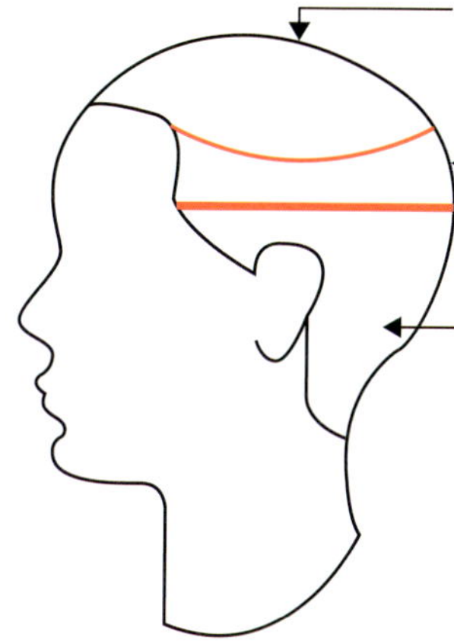

디자인에 사용되는 비율은 크레스트에 의해 인테리어와 엑스테리어로 나누어진다.

① 크레스트 : 두상에서 가장 넓은 지역으로 인테리어와 엑스테리어의 구분선

② 엑스테리어 : 아웃라인 형성, 아래로 떨어지는 영역

③ 인테리어 : 층, 볼륨, 무게, 움직임 표현, 두피에 편편하게 붙고 성장패턴에 영향을 받는다.

4. 베이스

(1) On the Base 온 더 베이스

① 가장기본이 되는 베이스이다.

② 베이스의 중심이 90°가 되도록 모아서 커트하여 좌우 동일한 커트가 된다.

③ 자연스러운 연결을 위해 베이스의 폭이 넓어지지 않도록 한다.

(2) Side the base 사이드 베이스

① 베이스의 중심이 좌 또는 우측으로 설정하여 90°가 되도록 모아서 커트한다.

② 설정된 기준에서 멀어질 수록 모발의 길이가 점점 길어진다.

③ 베이스의 양에 따라 길이의 변화를 조절할 수 있다.

(3) Off the base 오프 더 베이스

① 베이스 폭을 벗어나도록 모발을 잡는다.

② 좌우 방향으로 얼마나 당기는지에 따라 길이증가 비율이 변화된다.

③ 급격한 모발의 길이 변화가 필요할 때 사용된다.

(4) Twist Base 트위스트 베이스

① 베이스를 꼬아서 베이스간의 연결이 필요할 때, 긴 모발과 짧은 모발을 연결할 때 사용된다.

② 모든 베이스에서 사용이 가능하다.

(5) Free Base 프리 베이스

① 자연스러운 길이 변화가 나타난다.

② 온더베이스와 사이드 베이스의 중간형태이다.

③ 급격한 모발의 길이 변화가 필요하지 않을 때 사용된다.

(6) UP Base 업 베이스

수평파팅이나 사선파팅 시 위로 들어 아래길이를 증가시킬 때 사용한다.

(7) Dwon Base 다운 베이스

수평파팅이나 사선파팅 시 아래로 들어 아래길이를 감소시킬 때 사용한다.

5. 시술각

① Natural Fall자연 시술각 : 천체축을 기준으로 면에 의한 각도

② Normal Projection일반 시술각 : 두피에 따른 각도

Chapter 3

커트 및 질감 테크닉

1. 가위 테크닉

1. 블런트 Blunt

① 모발을 단차없이 모발과 가위가 수직으로 커트한다.

② 깔끔하고 단정한 이미지를 준다.

③ 무게감을 유지하고 길이의 변화를 준다.

④ 직선적으로 커트하여 모발 끝을 뭉툭하게 만든다.

2. 나칭 Notching

① 모발 단면이 규칙적인 톱니 모양이다.

② 길이와 질감이 동시에 변화되는 기법이다.

③ 모발에 가위 날이 45° 로 되게 커트한다.

④ 일명 나칭 커트라고도 한다.

3. 포인팅 Pointing

① 가위나 레자를 이용하여 모발끝에 불규칙한 율동감을 부여한다.

② 가위 끝을 튕겨주어 질감처리하는 기법이다.

③ 모발의 질감처리는 손가락의 위치와 포인팅의 횟수에 따라 달라진다.

4. 슬라이싱 Slicing

① 모발 끝 방향으로 미끄러지듯 가늘게 커트하는 기법이다.

② 모발에 방향감을 형성할 때 사용되는 기법이다.

5. 슬라이딩 Sliding

① 모발에 가위 날이 미끄러지듯이 하여 형태를 만든다.

② 질감 조절과 모발에 움직임을 준다.

③ 디스커넥트 모발을 연결할 때 사용할 수 있다.

6. 싱글링 Singling

① 빗을 이동시키면서 튀어나온 모발을 가위를 개폐하여 커트해 올라가는 방법이다.

② 짧은 모발 커트 시 사용된다.

7. 콤컨트롤

① 헤어 커트 시 모발에 손을 대지 않고 빗만 이용하는 테크닉이다.

② 모발을 커트할 때 텐션을 최소화하기 위해 사용한다.

8. 프리핸즈 커트

① 손가락이나 다른 어떤 도구를 사용하지 않고 자유롭게 커트하는 테크닉이다.

② 텐션 없이 모류의 방향을 설정할 때 사용한다.

2. 레이저 테크닉

1. 레이저 아킹 안마름 기법

① 레이저를 판넬 뒤쪽으로 대고 호를 그려 안쪽 모발을 도려내는 커트 방법이다.

② 판넬의 위쪽이 길고 아래쪽이 짧아 인컬의 볼륨을 얻을 수 있는 기법이다.

③ 인컬에 볼륨감과 입체감을 만들고자 할 때 사용한다.

④ 레이저의 가드의 바깥쪽 날이 안쪽 방향으로 시술한다.

2. 레이저 에칭

(1) 겉마름 기법

① 레이저를 판넬의 표면에 대고 커트하는 방법이다.
② 아웃 컬의 움직임을 만들고자 할 때 사용하는 방법이다.
③ 율동감과 움직임에 좋다.
④ 윗머리가 짧고 아래쪽의 머리가 길어져 아웃 컬을 만들어낸다.
⑤ 레이저 가드의 안쪽 날이 바깥쪽 방향으로 시술한다.

(2) 에칭 스트록

① 레이저를 판넬의 표면에 대고 위 아래로 스트록하면서 테이퍼링 하는 방법이다.
② 스트록의 깊이가 클수록 테이퍼 양을 결정한다.
③ 아웃 컬의 움직임을 만들고자 할 때 사용하는 방법이다.
④ 율동감과 움직임, 방향성이 좋다.

(3) 레이저 포인트

① 모발 끝을 잡고 레이저 날을 세워 커트하는 방법이다.
② 레이저 날의 세운 기울기에 따라 길이 조절 및 질감이 다양하다.

3. 레이저 질감기법

(1) 베벨언더 기법 Bevel under

① 레이저를 판넬 뒤쪽으로 대고 호를 그려 안쪽 모발을 도려내어 질감으로 표현한다.
② 판넬의 안쪽에 인컬의 볼륨감과 입체감을 얻을 수 있는 기법이다.
③ 안마름 율동감과 움직임이 좋다.

(2) 베벨업 기법 Bevel up

① 레이저를 판넬의 표면에 대고 질감을 표현하는 방법이다.
② 아웃 컬의 움직임을 만들고자 할 때 사용하는 방법이다.
③ 겉마름 율동감과 움직임이 좋다.

2. 틴닝 테크닉

(1) 스퀘어 틴닝

① 평행한 커트라인을 따라 틴닝 가위를 넣는다.

② 스퀘어라인으로 감소 되며 커트의 형태를 바꾸지 않고 모량과 무게감을 제거한다.

(2) 그래쥬에이션 틴닝

① 틴닝을 그래쥬에이션 형태로 넣는다.

② 볼륨이 생기며 커트의 실루엣을 둥글게 만들어 준다.

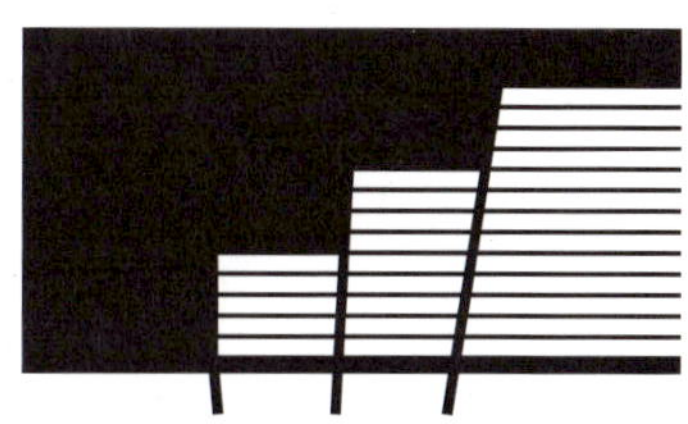

(3) 레이어 틴닝

① 틴닝을 레이어 형태로 넣는다.

② 헤어커트 형태의 볼륨과 무게감이 없어지고 플랫한 실루엣이 형성된다.

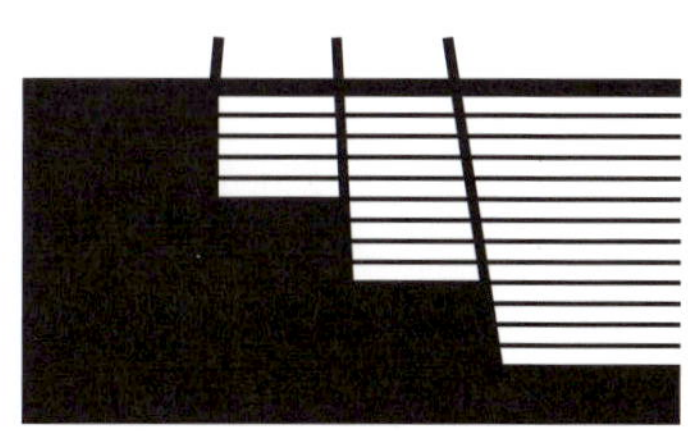

Chapter 4

헤어디자인의 연출에 따른 분석

1. 얼굴형에 따른 헤어스타일의 선택

사람은 모두 다른 얼굴형을 가지고 있기 때문에 얼굴형에 맞는 헤어스타일을 통해 장점을 부각시키고, 단점을 보완해 주는 것은 매우 중요하다. 또 헤어스타일은 사람의 이미지를 나타내는데 많은 비중을 차지하고 있다. 모발의 길이, 양, 색, 모양에 따라 사람의 이미지가 결정되기 때문에 헤어 디자이너는 고객의 얼굴형에 맞게 조언해 줄 수 있어야 한다.

※ 헤어 디자인 연출을 위한 형태의 원리를 이해해야 한다.

2. 얼굴형 특징

얼굴형	특징
둥근형	• 가르마를 6:4, 7:3 가르마를 활용하여 시선을 길게 분산시킨다. • 정수리 볼륨을 살리고 이마를 드러내어 연출한다.
사각형	• 이마와 턱의 각진 부분을 감추어 부드러운 느낌을 살린다. • 곡선의 느낌이 많이 나는 디자인으로 각진 얼굴을 보완한다.
삼각형	• 이마는 좁지만 양쪽 턱이 발달한 얼굴형 • 이마선을 넓어 보이게 하며, 턱을 갸름하게 보이도록 연출한다.
역삼각형	• 앞머리를 만들어 이마를 가린다. • 턱 옆쪽에 풍성한 볼륨을 주어 뾰족한 턱을 보완한다.
마름모형	• 돌출된 광대를 감싸 주는 헤어스타일을 연출한다. • 뾰족한 턱선을 부드러운 느낌으로 연출한다.
긴형	• 앞머리를 만들어 자연스럽게 이마를 가려준다. • 긴 길이 감의 헤어 스타일은 피하고 가로의 느낌을 강조한다.

교육부2019. 고객관계 관리하기LM1201010129_17v4.3. 한국직업능력개발원. p.60.

Chapter 5

모류, 모질 손상에 따른 분석

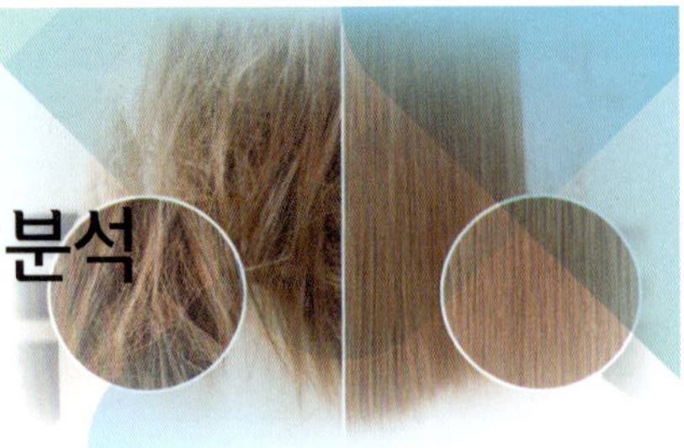

1. 모량확인

① 모발의 양 : 많다, 보통, 적다로 구분한다.

② 모발의 수 : 성별, 인종, 모발의 질, 모발의 색에 따라 차이가 난다.

③ 모발의 밀도 : 후두부 〉 전두부, 여성 〉 남성

2. 모류확인

머리 성장 패턴과 모류방향 파악으로 고객 특징을 표현할 수 있는 디자인 설정할 수 있다.

① 두상 위치에 따른 방향성

모발의 무게감을 제거하여 모발의 모양을 부드럽게 만드는 것이 가능하다.

② 구렛나루의 형태

- 얼굴 쪽 방향에서 귀 앞으로 난 수염의 형태이다.
- 귀 상단 밑에서 귀 볼 끝부분으로 연결된 형태이다.
- 옆머리와 구렛나루는 전대각 형태로 연결된다.

③ 가마의 위치 및 개수

- 머리의 방향은 중력과 성장 패턴의 영향을 받는다.
- 홀, 카우릭, 더블크라운 등 다양한 모발 방향이 있다.
- 가마 중심으로 두피 45°~60°의 방향으로 모류를 형성한다.

④ 네이프 형태 및 길이

- W형 : 개성적인 타입으로 뒷머리를 길게 하는 것이 좋다.
- A형 : 스퀘어 타입으로 목이 긴 사람에게 어울린다.
- U라인 : 가장 흔한 타입으로 자연스러워 가장 많이 사용한다.
- 큐피트형 : 단정한 타입으로 동양인보다는 서양인이 많이 사용한다.
- 남성형 : 남성적인 타입으로 남성적 이미지 표현에 적당하다.

3. 모질확인

① 손상도

물리적 화학적 요인으로 모표피부터 모피질까지 손상이 되어 퍼머넌트, 염색, 탈색에 영향을 미친다.

- 건강모 : 모표피의 문리 모양의 배열이 규칙적이며 매끄럽다.
- 손상모 : 모표피의 문리 모양이 불규칙적이며 박리현상이 나타나 거친 현상이다.
- 발수성모 : 모표피의 문리 모양이 조밀하다.

② 모발굵기

- 인종, 연령, 성에 따라 다름
- 가는 모발 : 0.05~0.07mm
- 보통 모발 : 0.08~0.09mm
- 굵은 모발 : 0.1~0.15mm

③ 모발형태

인종에 따라 직모, 파상모, 축모로 구분한다.

직모	파상모	축모

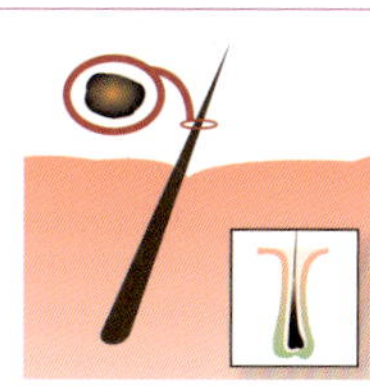	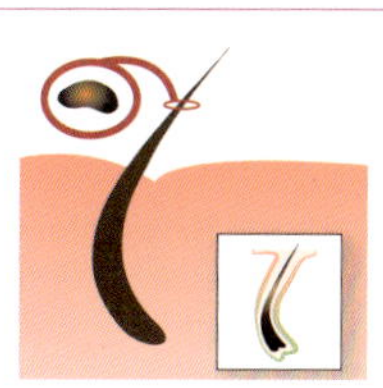	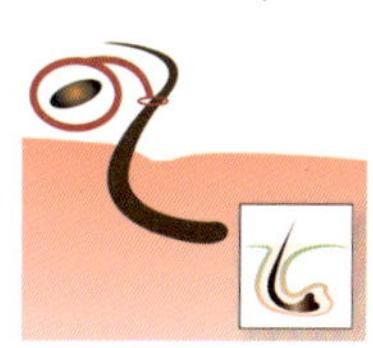

Chapter 6

헤어스타일 분석

1. 얼굴형에 따른 헤어디자인 연출 분석

① 사람은 모두 다른 얼굴형을 가지고 있기 때문에 얼굴형에 맞는 헤어스타일을 통해 장점을 부각시키고, 단점을 보완해 주는 것은 매우 중요하다.

② 헤어디자인을 연출하기 위해서는 고객의 모습과 특징을 섬세하게 관찰한다.

③ 모발의 길이, 양, 색, 모양에 따라 사람의 이미지를 결정하기 때문에 구상하는 헤어디자인에 적절한 길이와 볼륨의 양, 볼륨의 위치를 결정한다.

④ 얼굴형은 전체적 굴곡과 길이와 넓이가 포함된다.

⑤ 계란형의 얼굴형으로 착시효과를 주기 위해서 얼굴의 윤곽을 강조하거나 축소한다.

⑥ 얼굴형의 종류에는 계란형, 둥근형, 장방형, 사각형, 삼각형, 역삼각형, 다이아몬드형의 형태 등이다.

(1) 계란형

- 어떠한 헤어커트 디자인에도 잘 어울리므로 개인의 개성, 유행, 나이, 직업에 따라 연출한다.
- 이마 폭보다 턱선이 조금 넓은 얼굴형이다.
- 가장 이상적인 얼굴형이다.

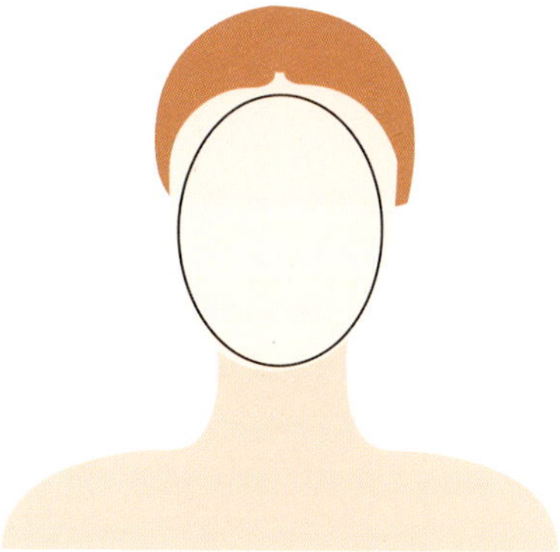

(2) 둥근형

- 얼굴의 길이가 짧고 둥글기 때문에 귀여운 인상과 호의적이며 안정적 느낌을 준다.
- 얼굴이 길어 보이게 헤어스타일 연출하기 위해 한다.
- 앞머리를 높게 헤어스타일 연출하기 위해 정수리 볼륨을 살리고 이마를 드러내어 연출한다.
- 짧은 헤어스타일 연출이 이상적이다.
- 가르마를 6:4, 7:3 가르마로 하여 둥근 얼굴을 감소시킨다.

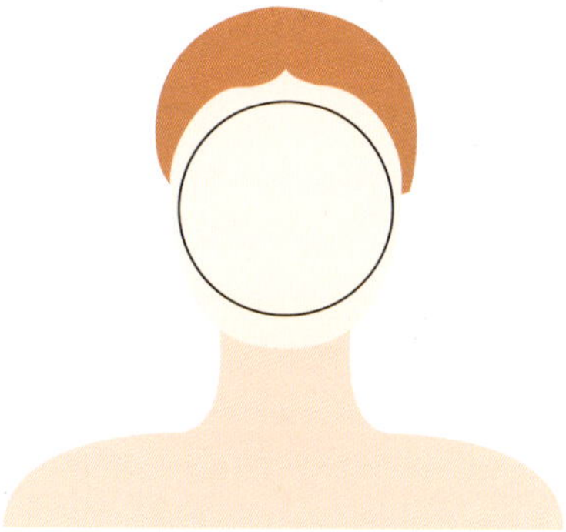

(3) 장방형

- 얼굴의 길이가 긴 얼굴형이다.
- 뱅을 만들어 자연스럽게 이마를 가리고 턱 옆에 풍성한 볼륨을 연출한다.
- 얼굴이 짧고 넓게 보이게 헤어스타일을 연출한다.
- 둥근형의 얼굴형과 반대되는 헤어스타일을 연출한다.
- 가로의 느낌을 강조하는 커트로 긴 얼굴형을 보완한다.

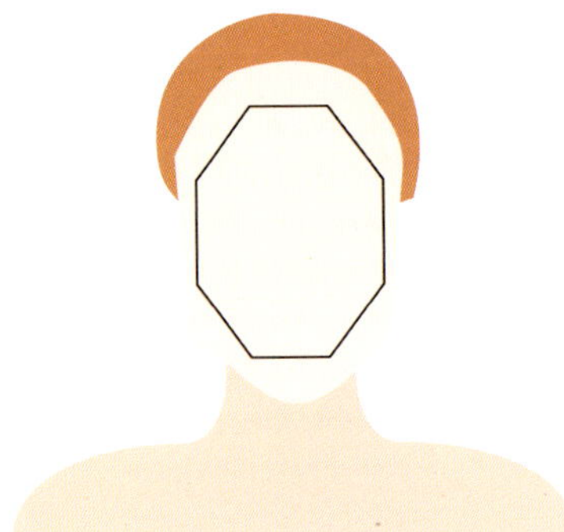

(4) 사각형

- 이마가 좁으며 턱이 넓고 각진 얼굴형이다.
- 얼굴형 전체가 거의 직선인 형태이다.
- 곡선의 느낌이 많이 나는 디자인으로 각진 부분을 보완한다.
- 얼굴의 윤곽이 부드럽도록 헤어스타일을 연출한다.

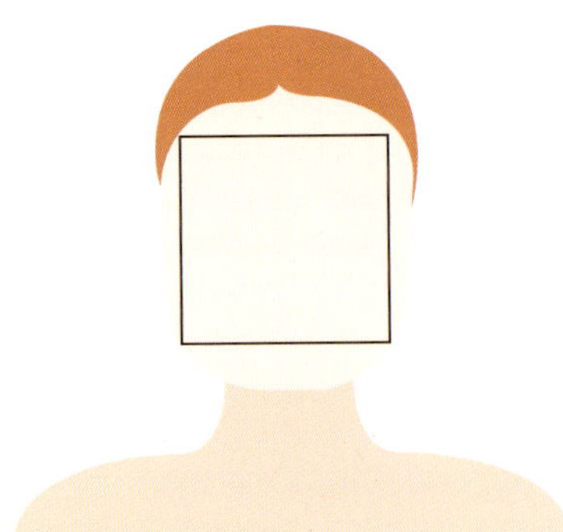

(5) 삼각형

- 이마가 좁고 턱이 넓은 얼굴형이다.
- 이마를 넓어 보이게 하고 턱을 갸름하게 보이도록 연출한다.

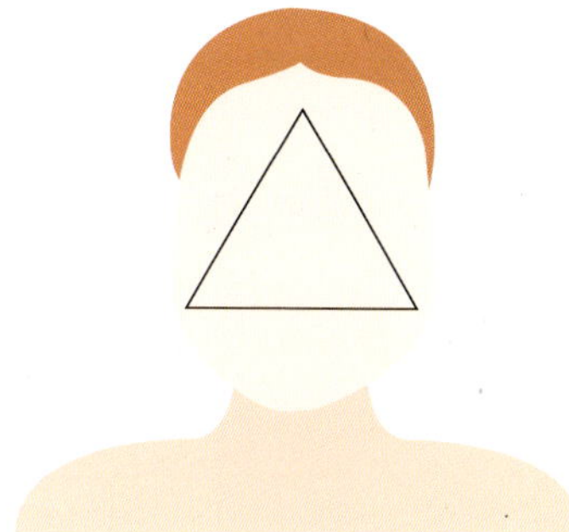

(6) 역삼각형

- 이마가 넓고 턱이 좁은 얼굴형이다.
- 차가운 얼굴 인상을 줄 수 있기 때문에 턱 옆쪽에 풍성한 볼륨을 주어 뾰족한 턱을 보완한다.

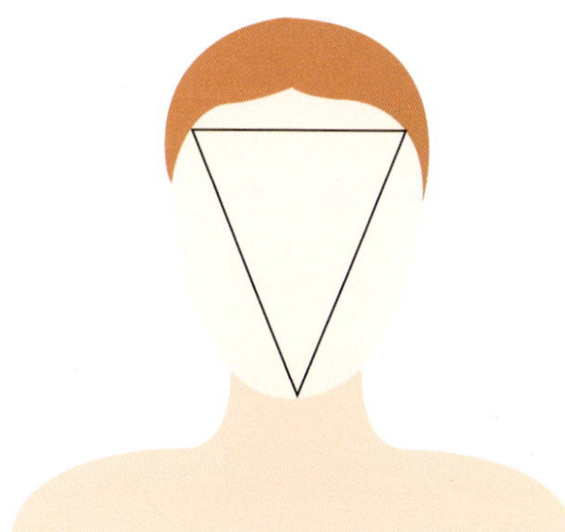

(7) 다이아몬드형

- 광대뼈가 돌출되고 이마와 턱이 좁은 얼굴형이다.
- 얼굴의 각진 부분으로 나이가 들어 보이기 쉽다.
- 돌출된 광대를 감싸 주는 헤어스타일을 연출한다.
- 뾰족한 선을 부드러운 느낌으로 연출한다.

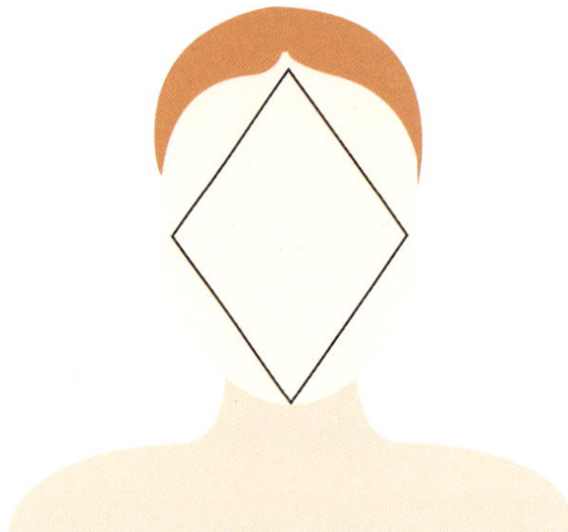

2. 이미지에 따른 분석

1. 앞머리에 따른 이미지 분석

- 뱅 Bang 이라고 한다.
- 앞머리는 모델의 이미지와 분위기를 변화시킨다.
- 고객의 얼굴형에 따라 직선, 곡선, 사선의 형태를 디자인한다.
- 앞머리를 이용하여 무게감, 가벼움, 불규칙 등을 표현한다.

(1) 대각 뱅 Diagonal Bang

① 오른쪽, 왼쪽 방향의 옆으로 넘겨 차분한 스타일로 만든다.

② 각이 있는 얼굴형을 보완하고 부드러운 이미지를 연출한다.

③ 계란형과 사각형 얼굴형에 잘 어울린다.

④ 긴 얼굴형은 더 길어 보일 수 있기 때문에 피하는 것이 좋다.

(2) 일자형 뱅 Horizontal Bang

① 귀여운 스타일이다.

② 답답해 보일 수 있기 때문에 숱의 양에 따라 조절한다.

③ 촌스러울수 있기 때문에 길이 조절을 잘한다.

④ 장방형 또는 역삼각형 얼굴에 잘 어울린다.

(3) 라운드 뱅 Round Bang

① 귀엽고 어리게 보일 수 있다.

② 길게 디자인 하면 강한 이미지를 줄 수 있다.

③ 계란형, 삼각형, 역삼각형 얼굴에 잘 어울린다.

(4) 시스루 뱅 See- through Bang

① 여성스러운 이미지로 연출한다.

② 둥근형, 계란형 얼굴에 가장 잘 어울린다.

③ 적절한 앞머리 길이를 만들어 다른 이미지 연출을 할 수 있다.

(5) 와이드 뱅 Wide Bang

① 순수하고 청순한 이미지를 연출한다.

② 긴 얼굴형은 얼굴을 가로로 넓어 보이는 효과를 준다.

(6) 처피 뱅 Chirpy Bang

① 앞머리를 짤게 커트하여 귀여운 느낌의 이미지를 연출한다.

② 긴 머리보다는 짧은 머리에 잘 어울린다.

③ 얼굴형에 따라 일자형 A라인으로 불규칙하고 짧게 연출한다.

④ 사각형이나 마름모형에 잘 어울린다.

2. 가르마에 따른 이미지 분석

(1) 센터 파트

① 가장 중심이 되는 파트로 뚜렷함을 강조하고 평면적인 이미지를 연출한다.

② 긴 얼굴은 피하는 것이 좋다.

③ 이목구비를 강조할 수 있다

④ 계란형, 역삼각형에 잘 어울린다.

(2) 사이드 파트

① 안정적인 느낌과 강렬한 이미지를 연출한다.

② 둥근형, 삼각형에 잘 어울린다.

(3) 곡선 파트

① 골덴 포인트 방향을 향해 라운드로 나누어 연출한다.

② 둥근 느낌으로 유연하고 지적인 이미지가 연출된다.

③ 얼굴형을 갸름하게 만들고 우아한 분위기로 연출한다.

④ 사각형, 장방형, 삼각형, 마름모형에 잘 어울린다.

(4) 지그재그 파트

① 개성적이며 활동적인 느낌을 연출한다.

② 머리 숱을 풍성하게 보이며 자연스러움을 연출한다.

③ 사각형, 마름모형에 잘 어울린다.

Chapter 7 고객 상담 및 카드 작성

1. 고객 응대 화법

고객 응대 화법은 전달하려는 뜻을 고객에게 명확하게 이해시키고 그 과정을 통해서 친절함과 정중함이 동시에 전달되어야 한다.

① 공손한 말투 사용 : 평소 말투가 아닌 존댓말과 상대에 따른 호칭과 경어를 사용한다.

② 고객의 이익, 입장에서 전달 : 고객의 이익과 행복을 우선한다는 서비스 정신에 입각하여 대화를 전개한다.

③ 쉬운 말로 전달 : 고객이 이해하기 쉬운 말을 사용한다.

④ 고객 응대에 예의 갖추기 : 정성스러운 마음과 태도로 고객을 응대한다.

⑤ 명확하게 전달 : 명확한 요점을 정확한 발음, 속도, 크기로 쉽게 이야기한다.

⑥ 감정을 담아 전달 : 감정이 담긴 대화는 표정이 담겨있으며, 얼굴뿐만 아니라 손짓과 몸짓에 의해서도 표현된다.

2. 고객 설득 화법

① **고객 파악** : 고객의 특성이나 의도를 정확하고 신속하게 파악하는 것이 필요하다.

② **고객의 이야기에 경청** : 고객의 말에 귀를 기울이고 반응을 보면서 이야기한다.

③ **칭찬과 감사의 말** : 고객에게 봉사한다는 마음으로 친절과 감사의 말을 아낌없이 사용하며, 고객의 장점이나 아름다운 점을 인정하여 칭찬한다.

④ **아이 컨택** : 안정된 시선, 표정이 풍부한 시선 등은 고객과의 관계를 유지해주며, 밀도 있는 대화를 이끌어 나갈 수 있게 한다.

⑤ **다른 살롱 악평 금지** : 다른 살롱에 대해 악평을 하는 것은 자신의 인격을 의심받게 되어 오히려 나쁜 결과를 초래할 수 있다.

⑥ **명령문지시형 금지** : '~하세요.' 라는 문장보다는 '~가 어떠세요?', '~하실까요?' 라는 청유형 형식으로 말하는 것은 고객 중심 대화의 기본이다.

⑦ **긍정적인 표현** : 부정적인 대답은 고객을 불쾌하게 하여 판매에 부정적인 결과를 초래한다.

3. 설득적 표현 방법

① 음성이 명확하며 부드러운 목소리여야 한다.

② 상황에 적당한 음량과 템포를 유지한다.

③ 표정이나 미소 등의 몸짓 언어를 사용하여 고객의 눈에 호소하는 언어를 활용한다.

④ 품위있는 유머를 구사한다.

Chapter 8

원랭스 커트

관찰 단계	내용 원랭스 커트
Shape 모양	종모양
Design 디자인	수평 라인, 전대각 라인, 후대각 라인, 곡선 라인 컨케이브, 컨백스
Weight 무게	• 형태선에 무게감 형성 • 층이 없는 일직선의 동일 선상
Texture 질감	• 100% 언액티베이트 Unactivaed • 잘린 끝이 보이지 않는 표면의 질감 매끄러움
Structure 구조	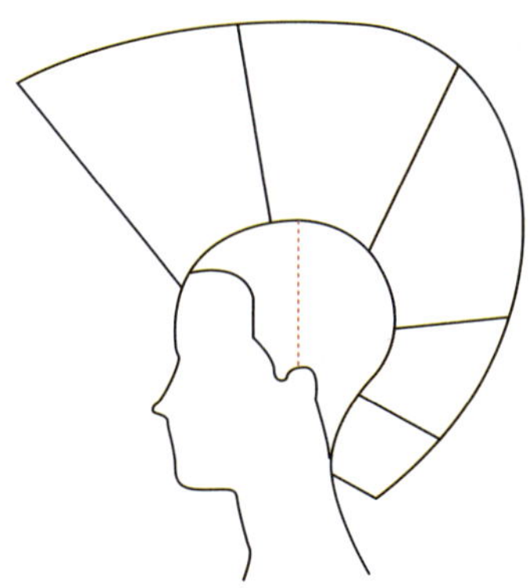 네이프 길이가 짧고 탑으로 갈수록 길이 증가

1. 솔리드형 수평 라인나칭 기법

구분			
구조 / 파팅	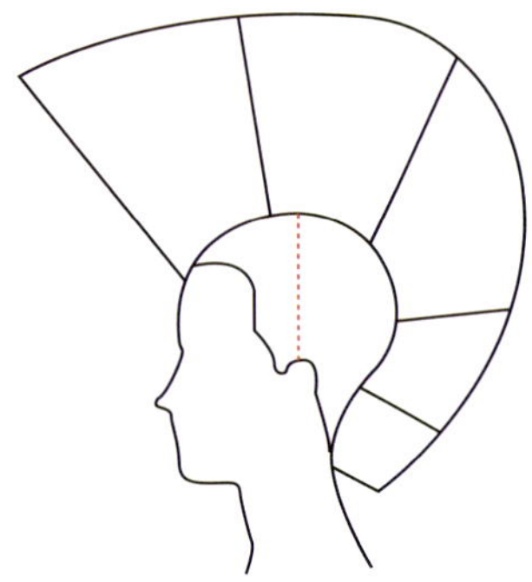	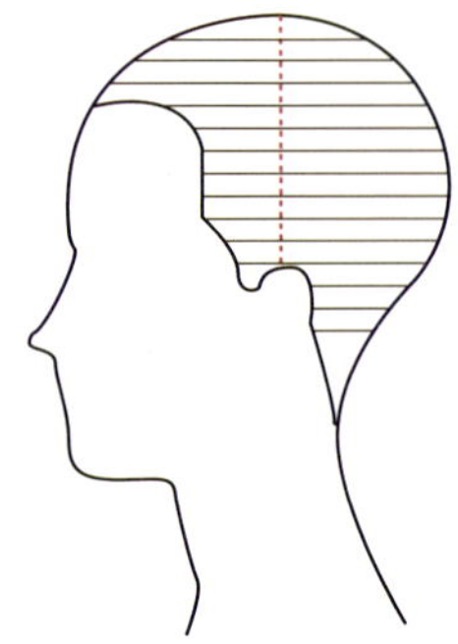	
완성 작품			
	정면	측면	후면

솔리드형 수평 라인나칭 기법	
절 차	내 용
Section 섹션	센터, 이어 투 이어
Head Position 머리 포지션	똑바로
Parting 파팅	수평 파팅
Distribute 분배	자연 분배
Project 시술각	자연시술각, 0°
Fingers Position 손가락 위치	파팅과 평행
Guide-Line 가이드 라인	고정 디자인 라인
Technic 테크닉	나칭

1. 브로킹

- 센터 파트, 이어 투 이어 파트

2. 네이프

- 머리 위치 똑바로, 수평 파팅 Parting, 자연 분배 Nature distribution 로 빗질
- 자연 시술각, 0° 커트
- 자세는 파팅과 평행하게 시술

3. 크라운

- 네이프와 동일하게 시술

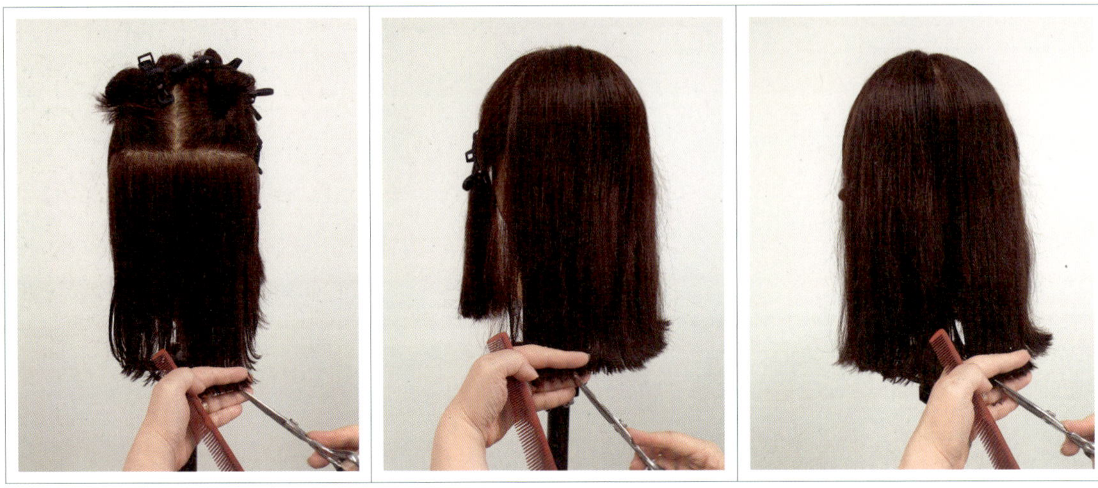

4. 사이드

- 수평 파팅으로 나눈 후 자연 분배
- 자연 시술각, 0°로 설정 후 평행하게 커트 눈을 가리는 부분은 곡면 분배사용
- 반대편도 동일한 방법으로 커트

5. 완성

2. 솔리드형 수평 라인아킹 기법

구조 / 파팅

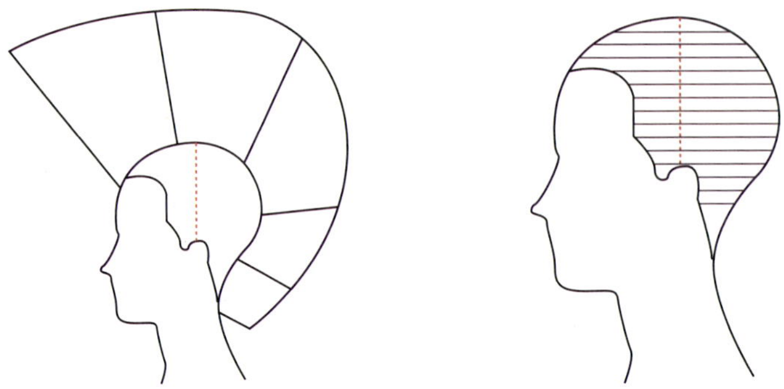

완성 작품

정면

측면

후면

솔리드형 수평 라인아킹 기법	
절 차	내 용
Section 섹션	센터, 이어 투 이어
Head Position 머리 포지션	똑바로
Parting 파팅	수평 파팅
Distribute 분배	자연 분배
Project 시술각	자연 시술각, 0°
Fingers Position 손가락 위치	파팅과 평행
Guide-Line 가이드 라인	고정 디자인 라인
Technic 테크닉	레이저 아킹

1. 브로킹

• 센터 파트, 이어 투 이어 파트

2. 네이프

• 머리 위치 똑바로, 수평 파팅 Parting, 자연 분배 Nature distribution 로 빗질
• 자연 시술각, 0°로 커트
• 자세는 파팅과 평행하게 시술

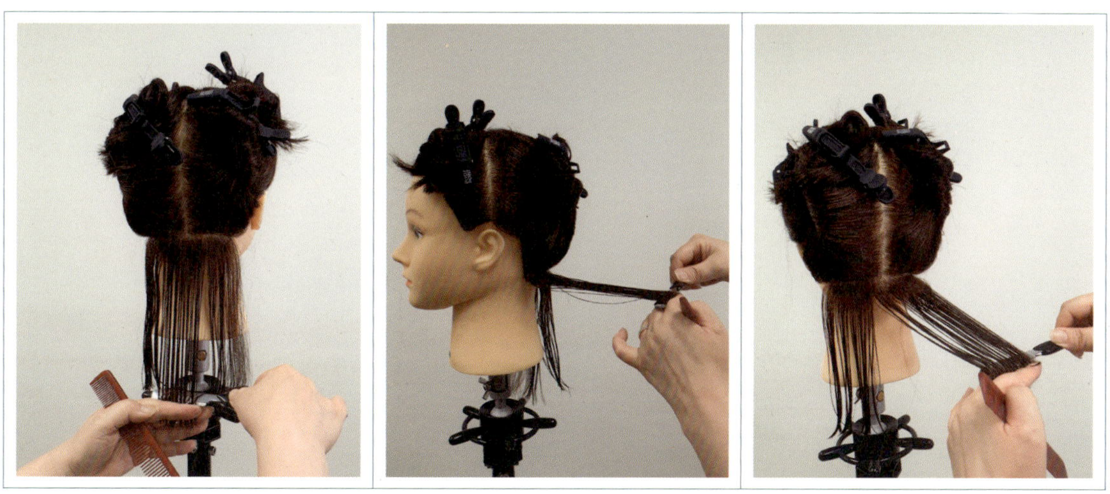

3. 크라운

- 네이프와 동일하게 커트

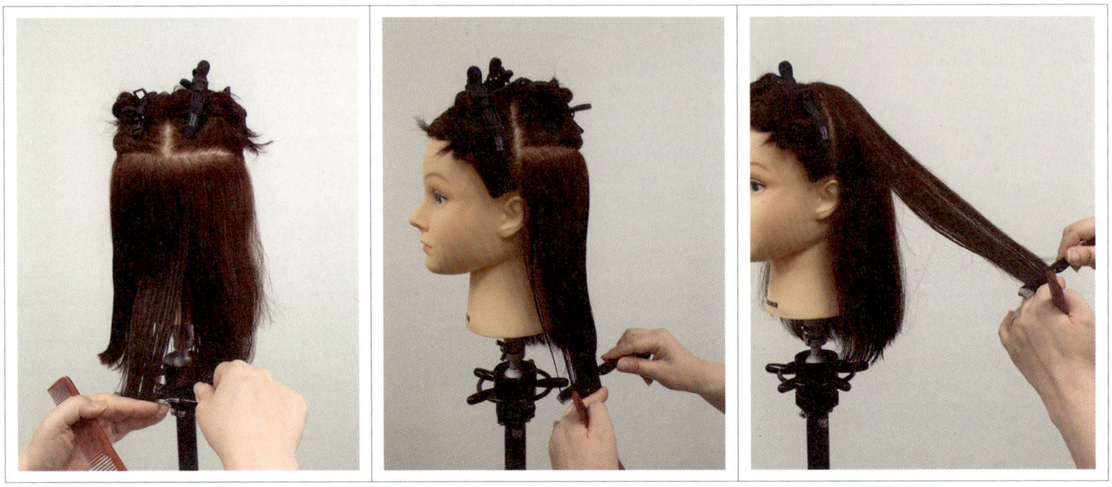

4. 사이드

- 수평 파팅으로 나눈 후 자연 분배
- 자연 시술각, 0° 로 설정 후 평행하게 커트 눈을 가리는 부분은 곡면 분배사용
- 반대편도 동일한 방법으로 커트

5. 완성

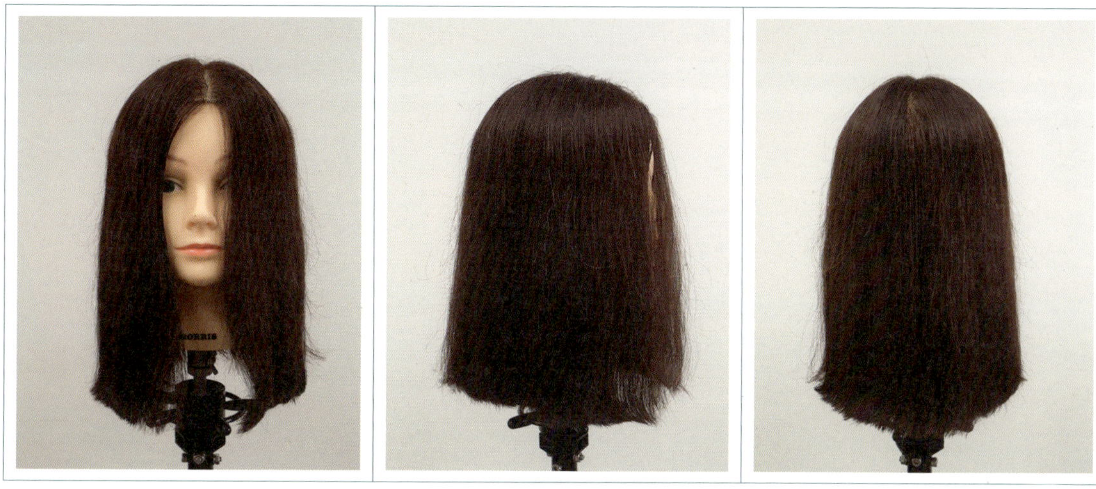

3. 솔리드형 수평 라인에칭 기법

구조 / 파팅	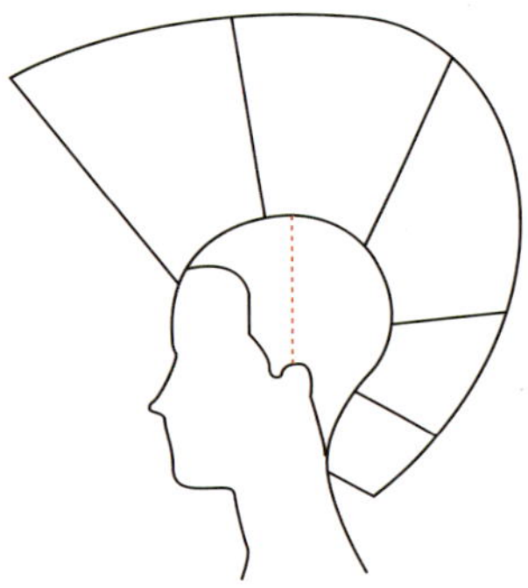		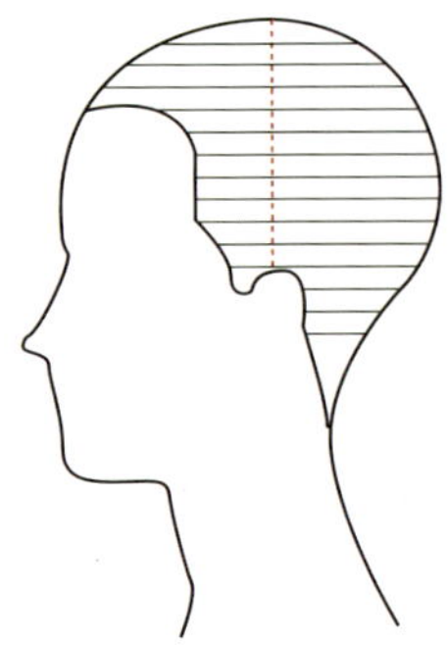
완성 작품			
	정면	측면	후면

솔리드형 수평 라인에칭 기법	
절 차	내 용
Section 섹션	센터, 이어 투 이어
Head Position 머리 포지션	똑바로
Parting 파팅	수평 파팅
Distribute 분배	자연 분배
Project 시술각	자연 시술각, 0 °
Fingers Position 손가락 위치	파팅과 평행
Guide-Line 가이드 라인	고정 디자인 라인
Technic 테크닉	레이저 에칭

1. 브로킹

- 센터 파트, 이어 투 이어 파트

2. 네이프

- 머리 위치 똑바로, 후대각 파팅 Parting , 자연 분배 Nature distribution 빗질
- 자연 시술각, 0° 커트
- 자세는 파팅과 평행하게 시술

3. 크라운

- 네이프와 동일하게 커트

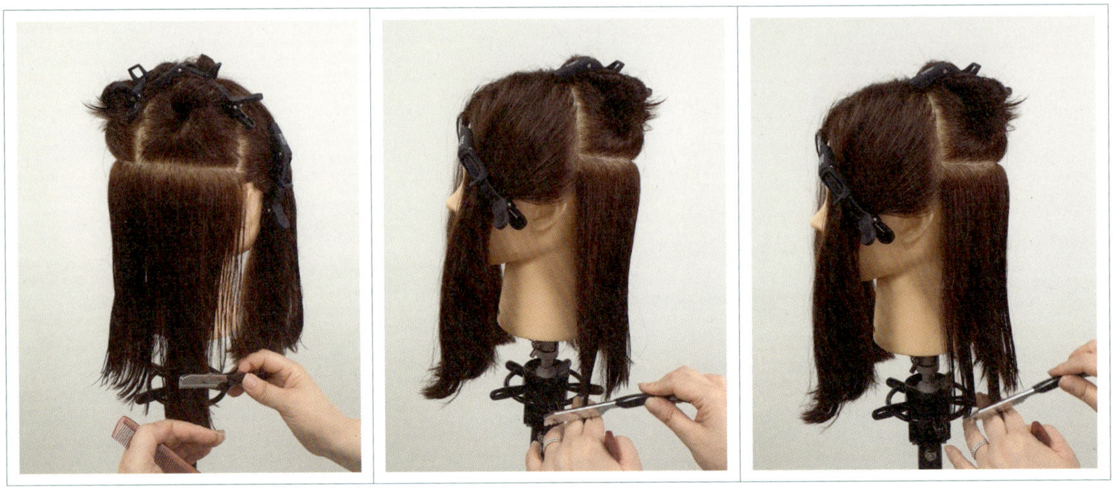

4. 사이드

- 수평 파팅으로 나눈 후 자연 분배
- 자연 시술각, 0°로 설정 후 평행하게 커트 눈을 가리는 부분은 곡면 분배사용
- 반대편도 동일한 방법으로 커트

5. 완성

 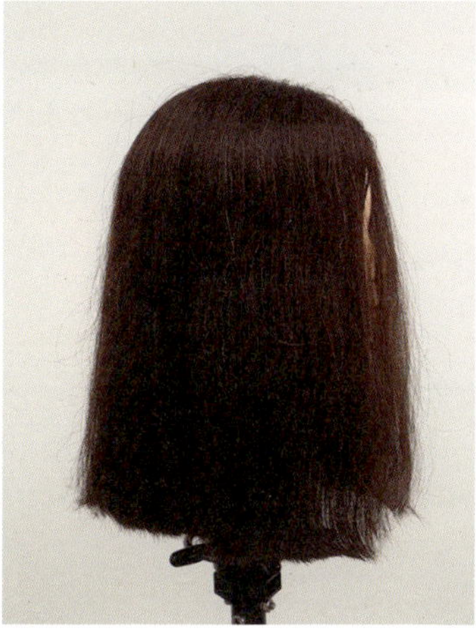 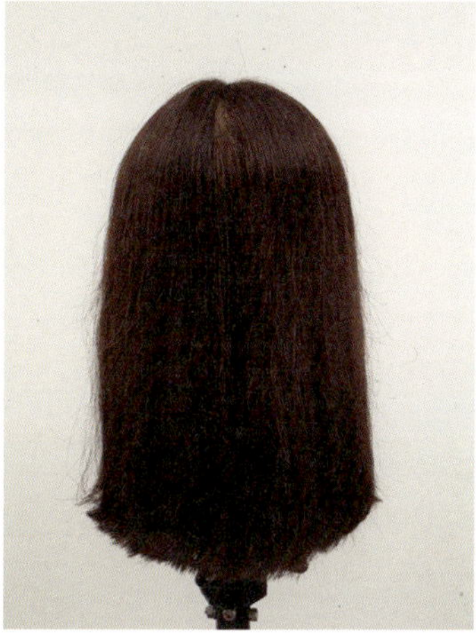

Chapter 9

그래쥬에이션 커트

관찰 단계	내용 그래쥬에이션 커트
Shape 모양	종모양
Design 디자인	수평 라인, 전대각 라인, 후대각 라인, 곡선 라인 컨케이브, 컨백스
Weight 무게	• 형태선에 무게감 형성 • 층이 없는 일직선의 동일 선상
Texture 질감	• 100% 언액티베이트 Unactivaed • 잘린 끝이 보이지 않는 표면의 질감 매끄러움
Structure 구조	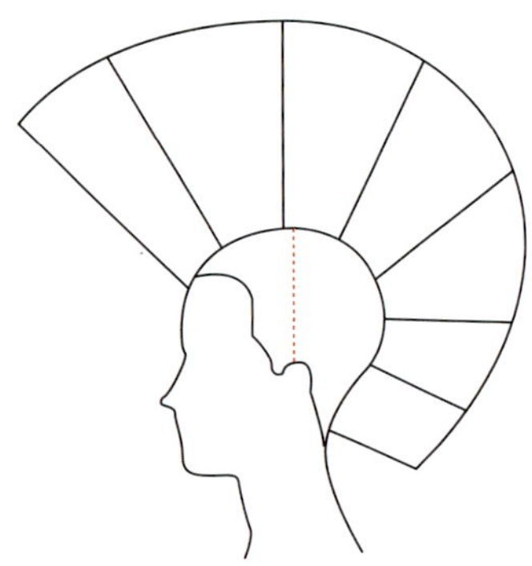 네이프 길이가 짧고 탑으로 갈수록 길이 증가

1. 그래쥬에이션혼합 전대각, 수평 라인

구분			
구조 / 파팅	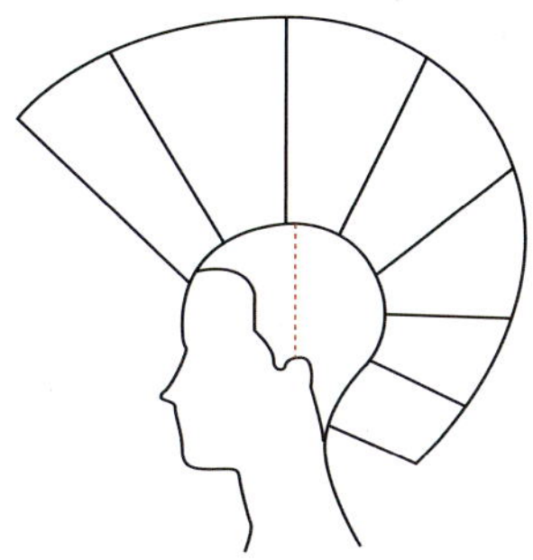 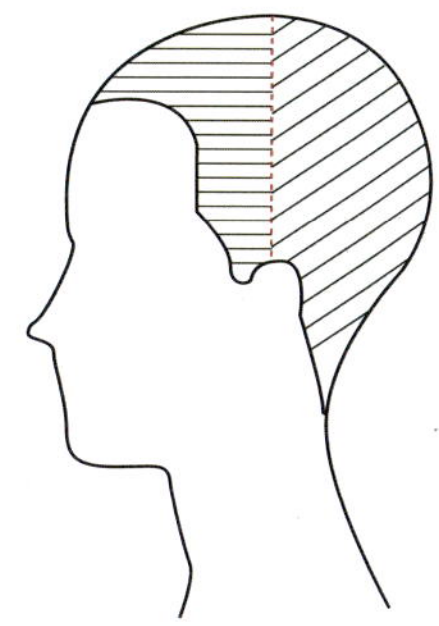		
완성 작품			
	정면	측면	후면

그래쥬에이션혼합 전대각, 수평 라인	
절 차	내 용
Section 섹션	센터, 이어 투 이어
Head Position 머리 포지션	똑바로
Parting 파팅	전대각, 수평 파팅
Distribute 분배	직각 분배
Project 시술각	중간 시술각, 45°
Fingers Position 손가락 위치	파팅과 평행
Guide-Line 가이드 라인	이동, 고정 디자인 라인
Technic 테크닉	블런트

1. 브로킹

- 센터파트, 이어 투 이어파트

2. 네이프

- 양쪽 네이프 시작으로 길이 밸런스 맞게 전대각 파팅
- 양쪽 전대각 파팅, 직각 분배, 중간 시술각 45°, 손 위치 평행
- 이동 디자인으로 진행

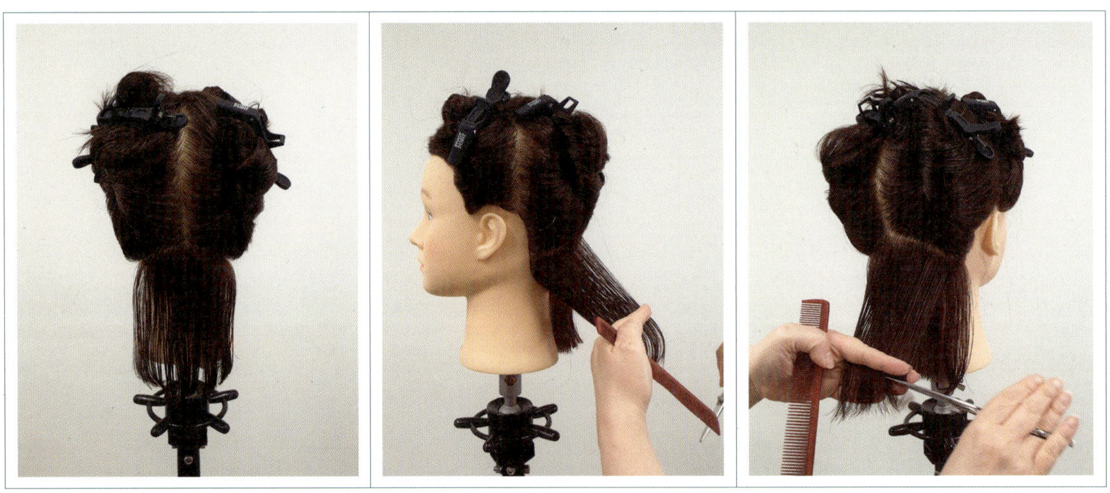

3. 크라운

- 크레스트 시작점에서 직각 분배, 중간 시술각 45°, 손 위치 평행
- 고정 디자인으로 진행

4. 사이드

- 수평 파팅으로 나눈 후 직각 분배
- 중간 시술각 45°, 손의 위치 평행, 이동 디자인
- 반대편도 동일한 방법으로 커트

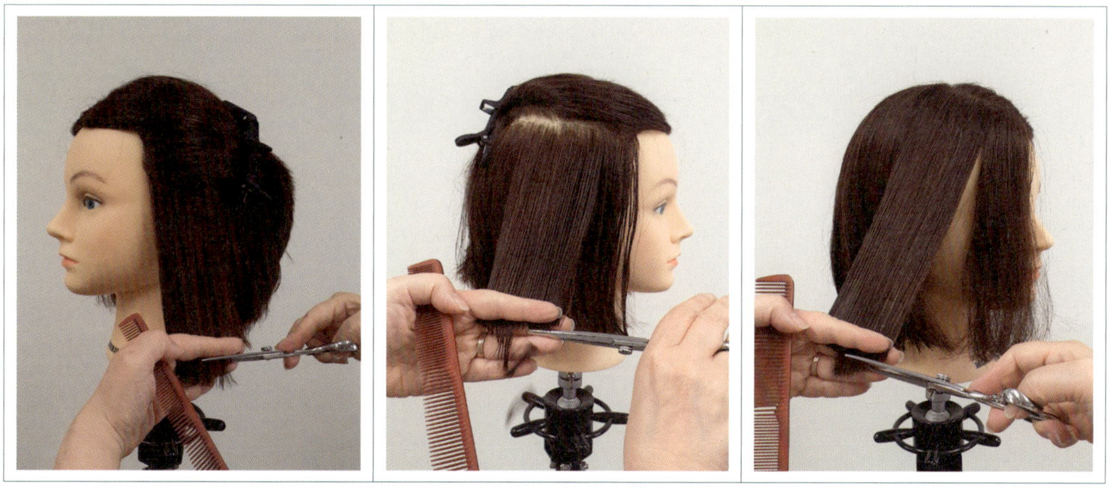

5. 완성

2. 그래쥬에이션혼합 컨벡스, 수평 라인

구조 / 파팅

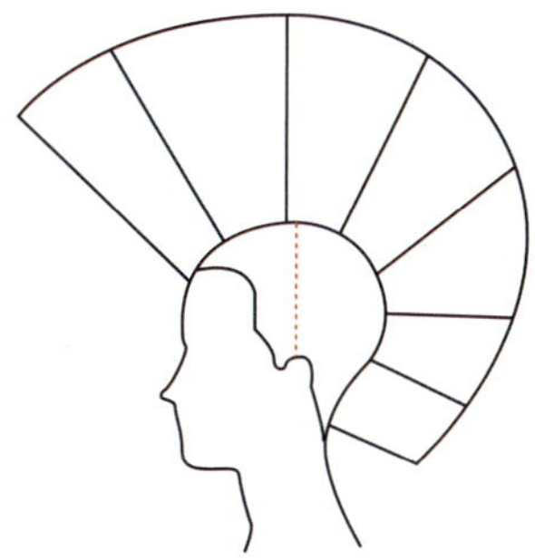

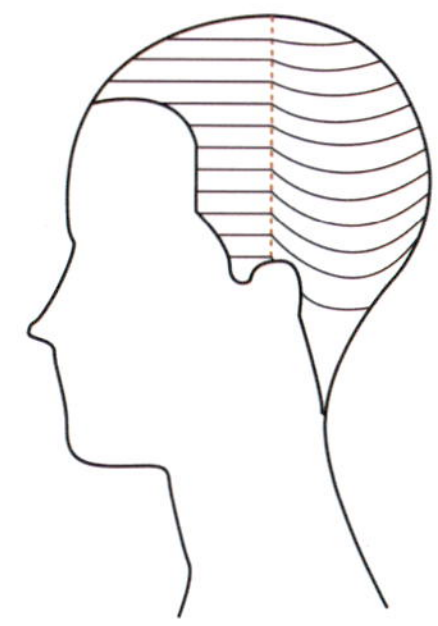

완성 작품

정면

측면

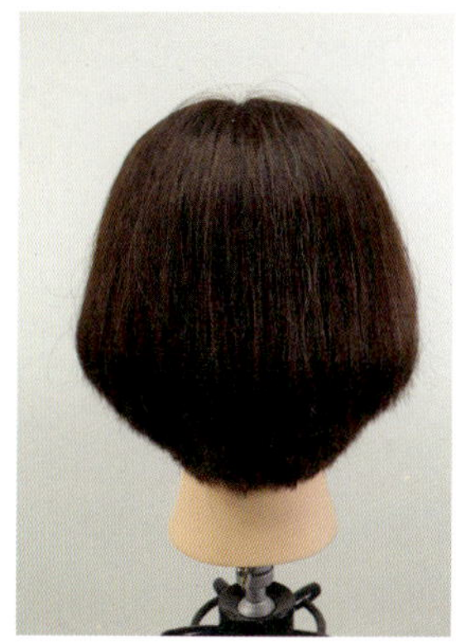

후면

그래쥬에이션혼합 컨벡스, 수평 라인	
절 차	내 용
Section 섹션	센터, 이어 투 이어
Head Position 머리 포지션	똑바로
Parting 파팅	컨벡스, 수평 파팅
Distribute 분배	직각 분배
Project 시술각	중간 시술각, 45°
Fingers Position 손가락 위치	파팅과 평행
Guide-Line 가이드 라인	이동, 고정 디자인 라인
Technic 테크닉	블런트

1. 브로킹

- 센터 파트, 이어 투 이어 파트

2. 네이프

- 양쪽 네이프 시작으로 길이 밸런스 맞게 후대각 파팅
- 양쪽 컨벡스 파팅, 직각 분배, 중간 시술각 45°, 손 위치 평행
- 이동 디자인으로 진행

3. 크라운

- 크레스트 시작점부터 고정 디자인 라인, 컨벡스 파팅
- 직각 분배, 중간 시술각 45°, 손 위치 평행

4. 사이드

- 수평 파팅으로 나눈 후 직각 분배
- 중간 시술각 45°, 손의 위치 평행, 이동 디자인
- 반대편도 동일한 방법으로 커트

5. 완성

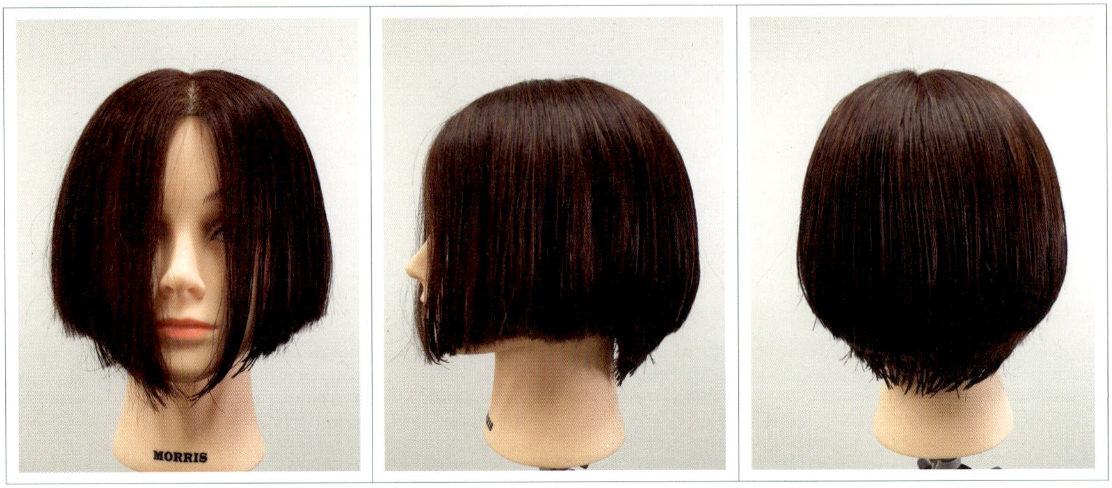

3. 그래쥬에이션혼합 수직, 수평, 후대각 라인

구조 / 파팅	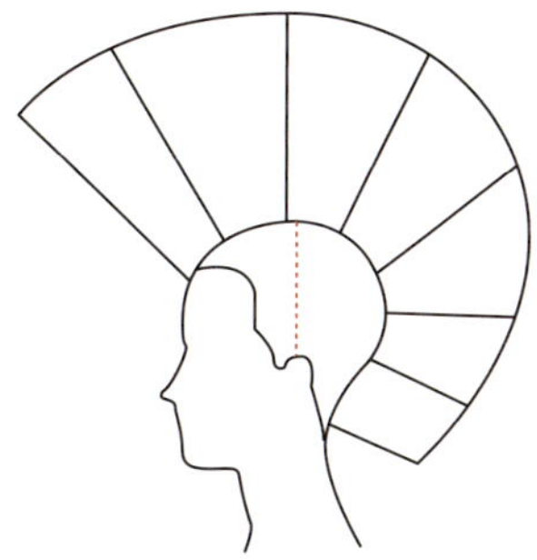	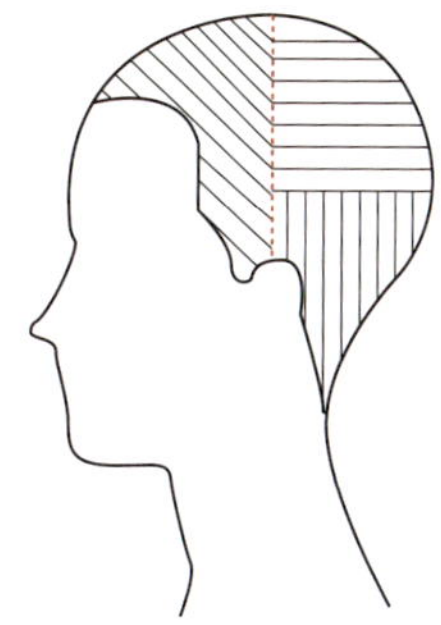
완성 작품	 정면	 측면	 후면

그래쥬에이션혼합 수직, 피봇, 후대각 라인	
절 차	내 용
Section 섹션	센터, 이어 투 이어
Head Position 머리 포지션	똑바로
Parting 파팅	수직, 수평, 후대각 파팅
Distribute 분배	직각 분배
Project 시술각	중간 시술각, 45°
Fingers Position 손가락 위치	파팅과 평행, 비평행
Guide-Line 가이드 라인	이동, 고정 디자인 라인
Technic 테크닉	블런트

1. 브로킹

- 센터 파트, 이어 투 이어 파트

2. 네이프

- 센터 백 수직 파팅 후 가이드 설정
- 양쪽 수직 파팅, 직각 분배 후 중간 시술각 45°, 손 위치 비평행
- 이동 디자인으로 진행

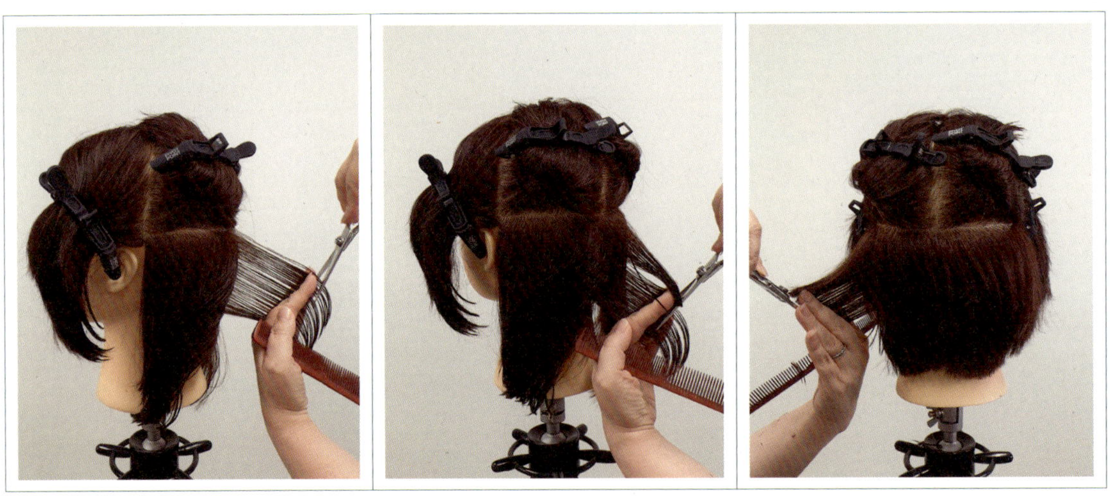

3. 크라운

• 네이프 길이 시작점부터 고정 디자인
• 수평 파팅, 직각 분배, 중간 시술각 45°, 손 위치 평행

4. 사이드

• 후대각 파팅으로 나눈 후 직각 분배
• 시술각 45°, 손의 위치 평행, 이동 디자인
• 반대편도 동일한 방법으로 커트

5. 완성

4. 그래쥬에이션혼합 수직, 피봇 라인

구조 / 파팅

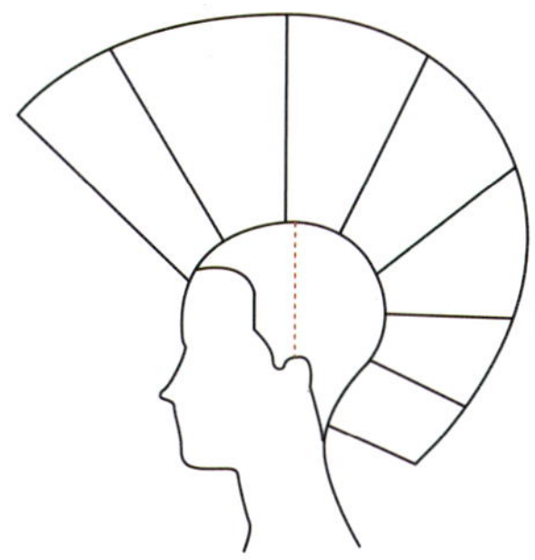

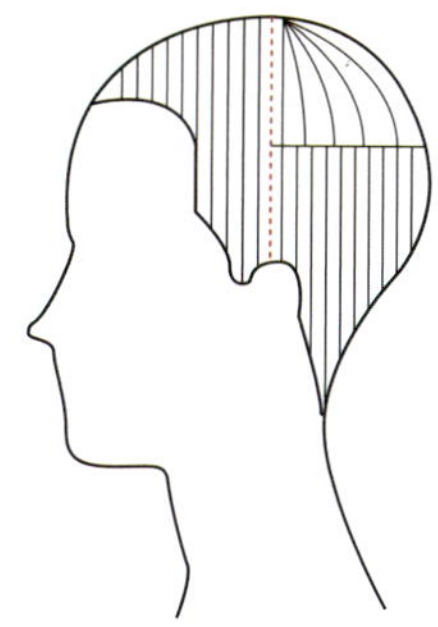

완성 작품

정면

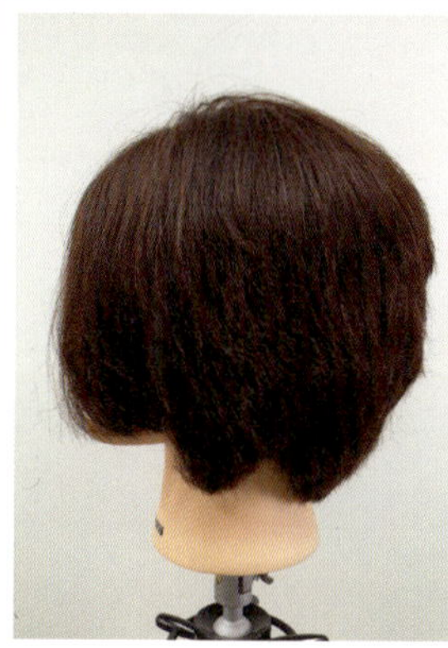

측면

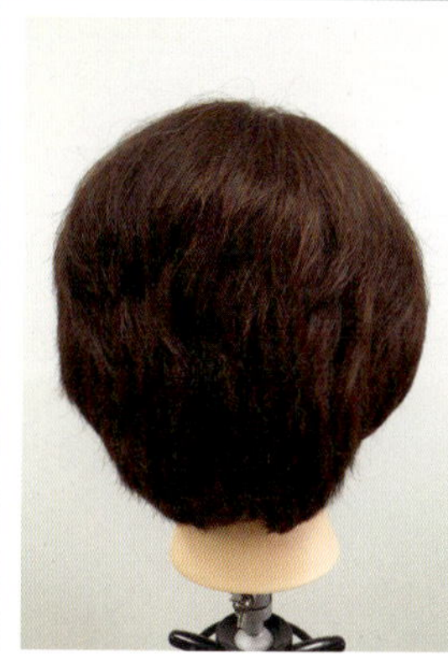

후면

그래쥬에이션혼합 수직, 피봇 라인	
절 차	내 용
Section 섹션	센터, 이어 투 이어
Head Position 머리 포지션	똑바로
Parting 파팅	수직, 피봇 파팅
Distribute 분배	직각 분배
Project 시술각	90°
Fingers Position 손가락 위치	파팅과 비평행
Guide-Line 가이드 라인	이동, 고정 디자인 라인
Technic 테크닉	블런트

1. 브로킹

- 센터 파트, 이어 투 이어 파트

2. 네이프

- 센터 백 수직 파팅 후 가이드 설정
- 양쪽 수직 파팅, 직각 분배 후 시술각 90°, 손 위치 비평행
- 이동 디자인으로 진행

3. 크라운

- 네이프 길이 시작점부터 이동 디자인
- 피봇 파팅, 직각 분배, 시술각 90°, 손 위치 비평행

4. 사이드

- 수직 파팅으로 나눈 후 직각 분배
- 시술각 90°, 손의 위치 비평행, 고정 디자인
- 반대편도 동일한 방법으로 커트

5. 완성

Chapter 10

인크리스 레이어 커트

관찰 단계	내용 인크리스 레이어 커트
Shape 모양	긴 타원형 모양
Design 디자인	• 고정 디자인 라인 • 수평 라인 : 수평의 층 • 전대각 라인 : 후대각 층 • 후대각 라인 : 전대각 층
Weight 무게	무게감이 없음
Texture 질감	• 액티베이트 Activaed • 머리카락 표면이 끊어져 겉모습이 거칠하게 보임
Structure 구조	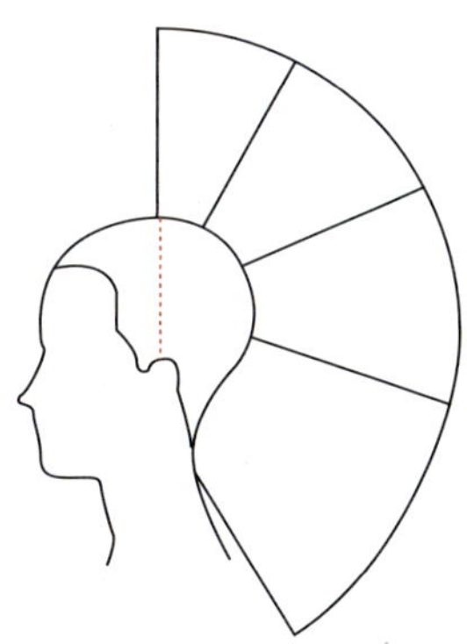 인테리어에서 엑스테리어로 갈수록 길이 감소

1. 인크리스 레이어 수직, 피봇 라인평행

구조 / 파팅	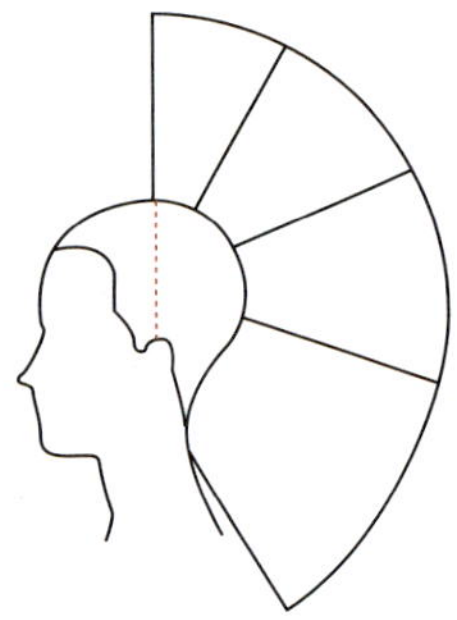		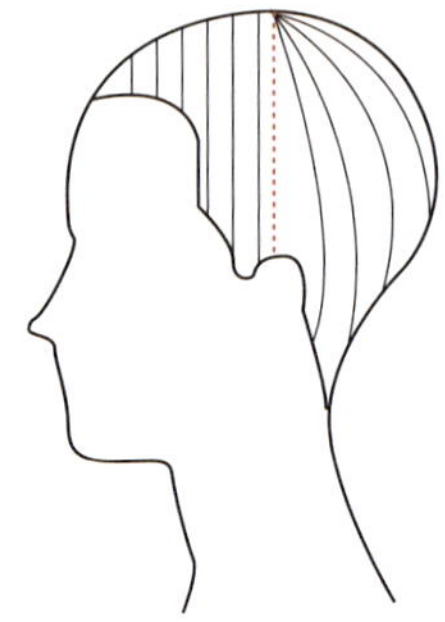
완성 작품			
	정면	측면	후면

인크리스 레이어 수직, 피봇 라인평행	
절 차	내 용
Section 섹션	센터
Head Position 머리 포지션	똑바로
Parting 파팅	수직, 피봇 파팅
Distribute 분배	직각 분배
Project 시술각	얼굴 쪽 방향 0°
Fingers Position 손가락 위치	파팅과 평행
Guide-Line 가이드 라인	고정 디자인 라인
Technic 테크닉	블런트

1. 브로킹

- 센터파팅

2. 프린지

- 얼굴 쪽 가이드 설정, 수직 파팅, 직각 분배, 얼굴쪽으로 0°, 손위치 평행, 고정 디자인 진행
- 양쪽 밸런스 체크

3. 사이드

- 수직 파팅, 직각 분배, 0°, 손위치 평행, 고정 디자인 진행
- 양쪽 동일하게 진행

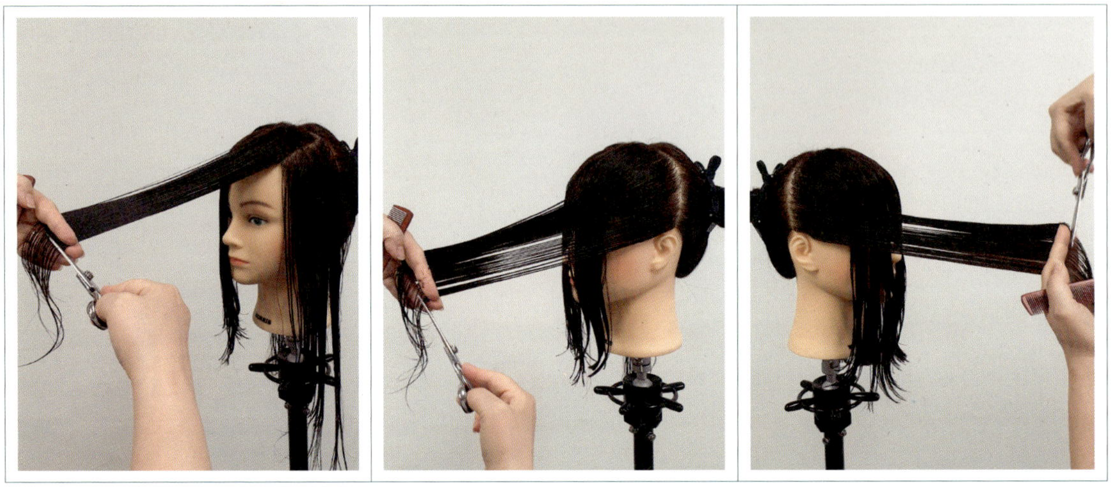

4. 백

- 이어 백부터 센터 백까지 피봇 파팅으로 나누어 직각 분배, 0°, 손위치 평행, 고정 디자인으로 진행
- 양쪽 동일하게 진행

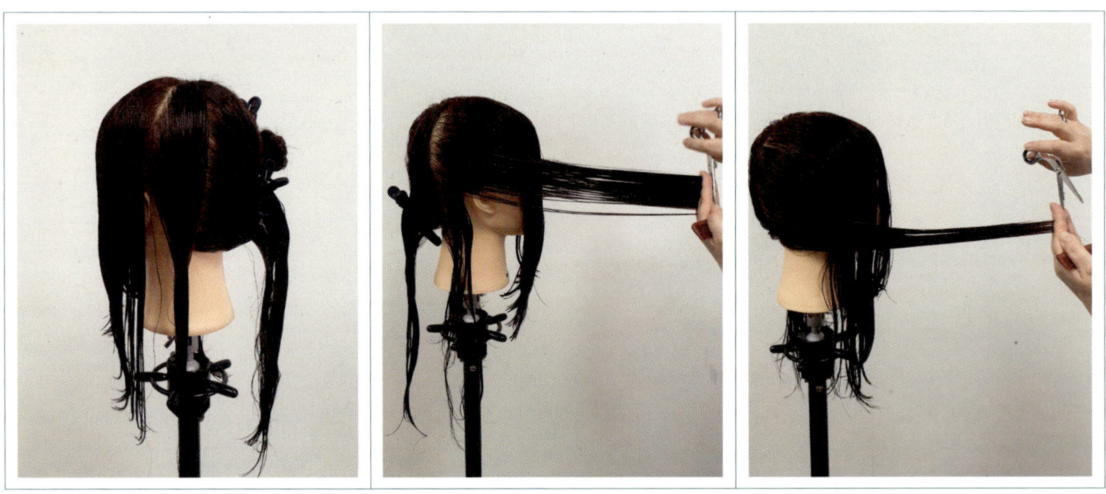

5. 형태선

- 센터를 중심으로 좌우 라인 정리

6. 완성

2. 인크리스 레이어 전대각 라인

<table>
<tr><td>구조
/
파팅</td><td colspan="3">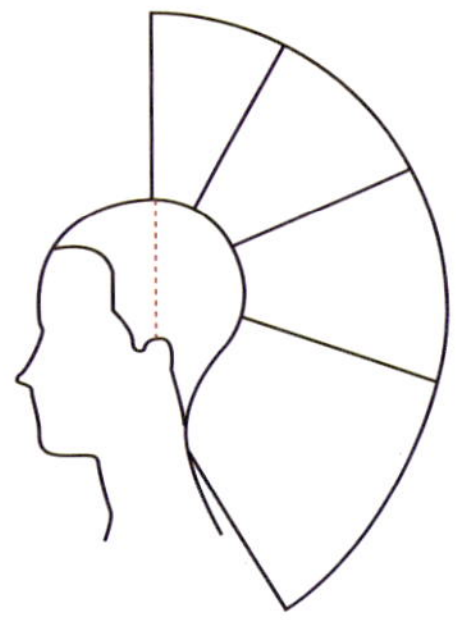 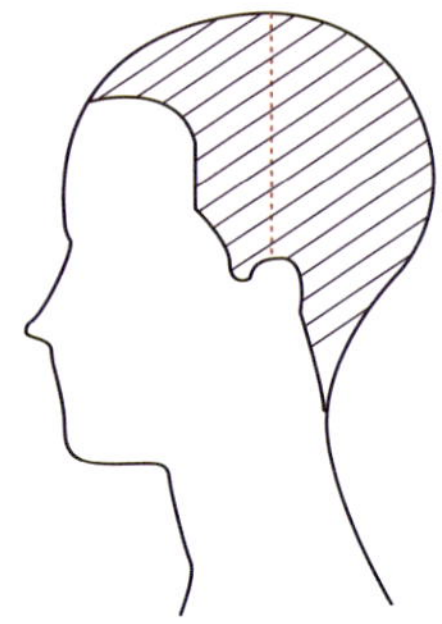</td></tr>
<tr><td rowspan="2">완성 작품</td><td></td><td></td><td></td></tr>
<tr><td>정면</td><td>측면</td><td>후면</td></tr>
</table>

인크리스 레이어 전대각 라인	
절 차	내 용
Section 섹션	센터 파트
Head Position 머리 포지션	똑바로
Parting 파팅	전대각 파팅
Distribute 분배	직각 분배
Project 시술각	프런트 방향 두상 90°
Fingers Position 손가락 위치	파팅과 평행
Guide-Line 가이드 라인	고정 디자인 라인
Technic 테크닉	블런트

1. 브로킹

• 센터 파팅

2. 프린지

• 프린지에 가이드 설정, 전대각 파팅, 직각 분배, 90°, 손위치 평행, 고정 디자인 라인

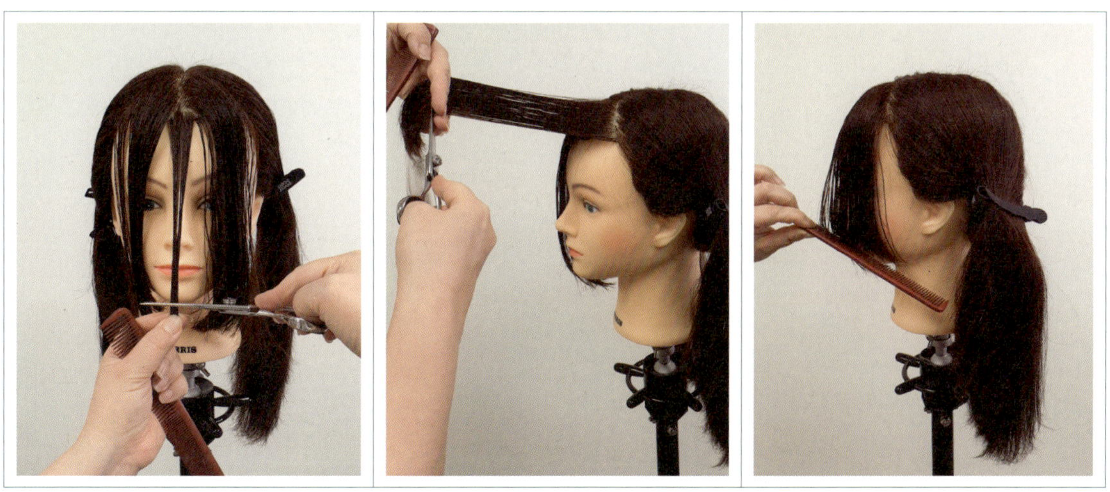

3. 프런트

- 전대각 파팅, 직각 분배, 프런트쪽으로 두상 90°, 손위치 평행, 고정 디자인
- 양쪽 밸런스 체크하면서 동일하게 진행

4. 백 좌측

- 이어 백부터 백까지 동일하게 파팅 나누고 프런트와 동일하게 고정 디자인 시술
- 전대각 파팅, 직각 분배, 프런트쪽으로 두상 90°, 손위치 평행, 고정 디자인 진행

5. 백 우측

• 좌측과 동일하게 진행

6. 완성

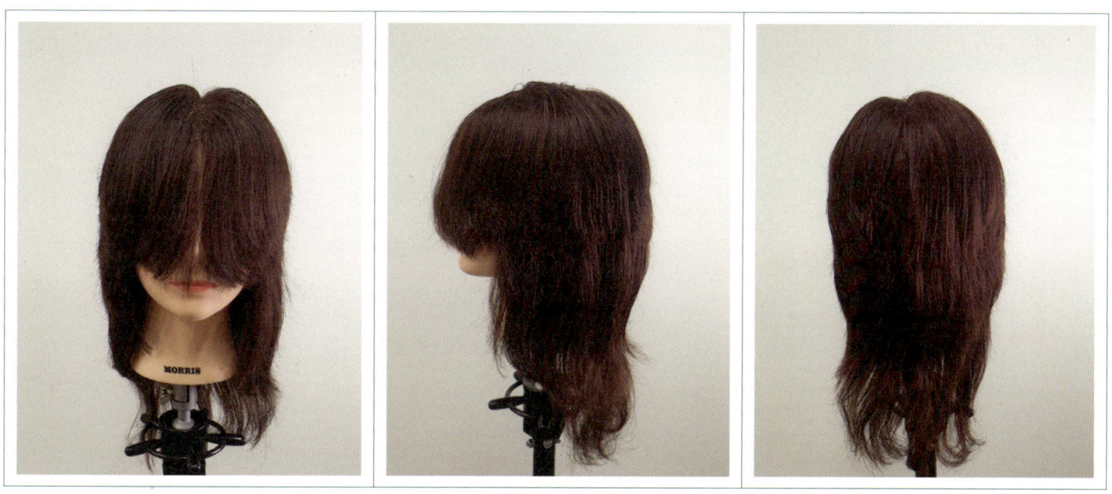

3. 인크리스 레이어 후대각 라인

구조 / 파팅	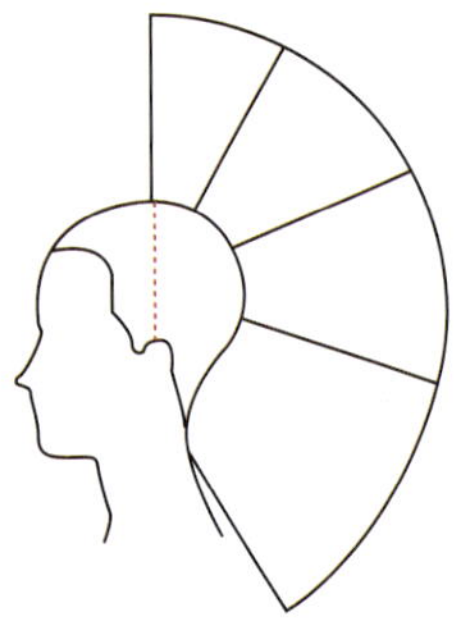	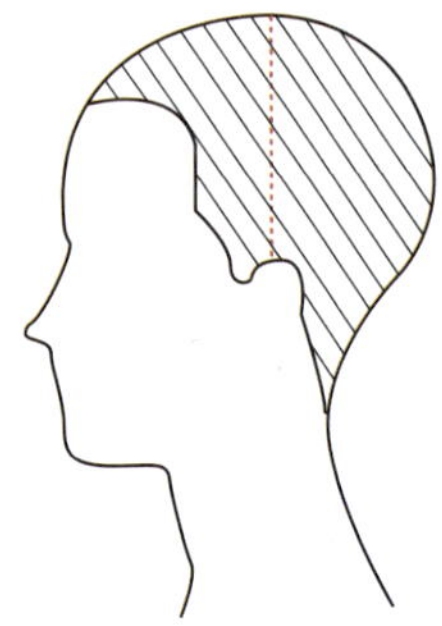	
완성 작품			
	정면	측면	후면

인크리스 레이어 후대각 라인	
절 차	내 용
Section 섹션	센터
Head Position 머리 포지션	똑바로
Parting 파팅	후대각 파팅
Distribute 분배	직각 분배
Project 시술각	크라운 쪽 방향으로 두상 90°
Fingers Position 손가락 위치	파팅과 평행
Guide-Line 가이드 라인	고정 디자인 라인
Technic 테크닉	블런트

1. 브로킹

• 센터 파팅

2. 크라운 ①

• 크라운에 가이드 설정, 후대각 파팅, 직각 분배 두상 90°, 손위치 평행, 고정 디자인 라인

3. 크라운 ②

- 전대각 파팅, 직각 분배, 프런트쪽으로 두상 90°, 손위치 평행, 고정 디자인
- 양쪽 밸런스 체크하면서 동일하게 진행

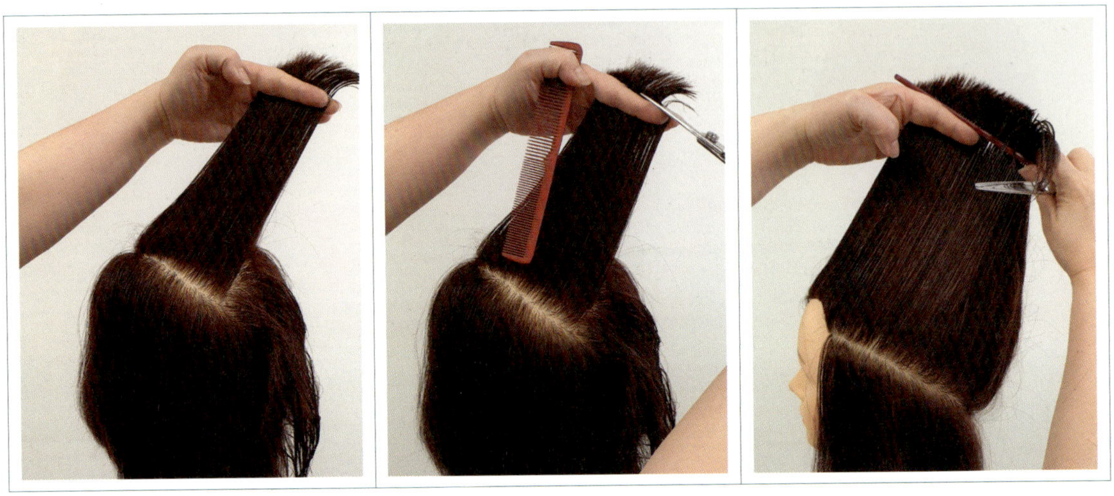

4. 사이드

- 사이드부터 네이프까지 한번에 연결하여 동일한 파팅 후 크라운과 동일하게 고정 디자인 시술
- 후대각 파팅, 직각 분배, 두상 90°, 손위치 평행, 고정 디자인 진행

5. 형태선

- 센터를 중심으로 좌우 라인 정리

6. 완성

Chapter 11

유니폼 레이어 커트

관찰 단계	내용 유니폼 레이어
Shape 모양	원형 모양
Design 디자인	모든 길이가 동일
Weight 무게	• 형태선에 무게감 없음 • 층이 있음
Texture 질감	100% 액티베이트 Activated
Structure 구조	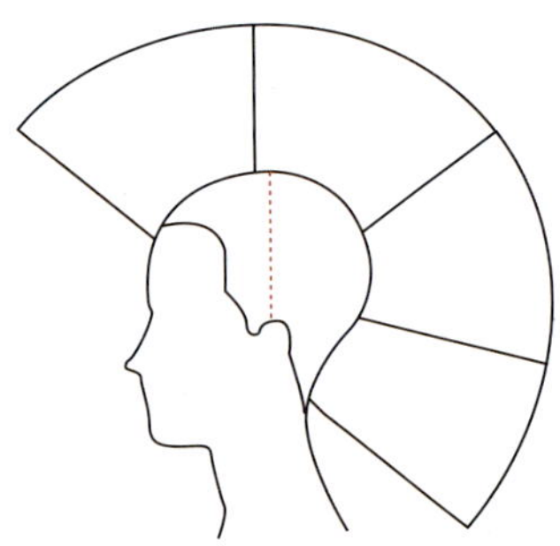 모든 머리길이 동일 무게감 생기지 않음

1. 유니폼 레이어 + 인크리스 레이어 커트

구분			
구조 / 파팅	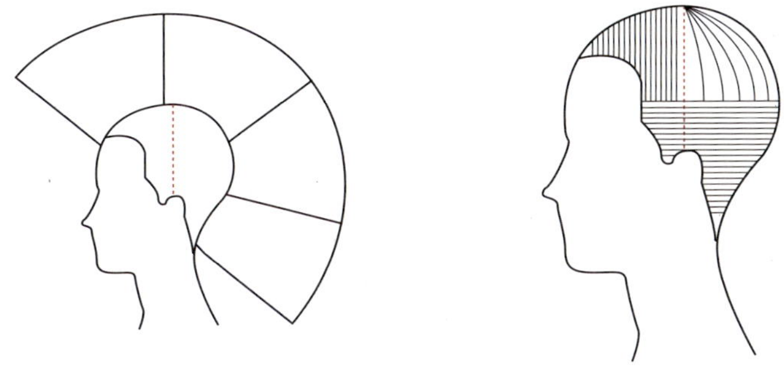		
완성 작품			
	정면	측면	후면

유니폼 레이어 + 인크리스 레이어 커트	
절 차	내 용
Section 섹션	크레스트, 센터
Head Position 머리 포지션	똑바로
Parting 파팅	수평, 수직, 피봇 파팅
Distribute 분배	직각 분배
Project 시술각	인테리어 두상 90°, 엑스테리어 천체축 90°
Fingers Position 손가락 위치	평행
Guide-Line 가이드 라인	이동, 고정 디자인
Technic 테크닉	블런트

1. 브로킹

- 크레스트

2. 인테리어 ①

- 인테리어의 유니폼 레이어로 수직 파팅 및 피봇 파팅, 직각 분배, 두상 90°, 손위치 평행, 이동 디자인 라인으로 진행
- 양쪽 밸런스 체크

3. 인테리어 ②

- 크레스트는 피봇 파팅으로 나눈 후 빗질은 직각 분배, 두상 90°, 파팅과 평행 커트, 이동 디자인 라인

4. 엑스테리어 ①

- 수평 파팅, 직각 분배, 천체축 90°, 파팅과 평행 커트, 고정 디자인 라인

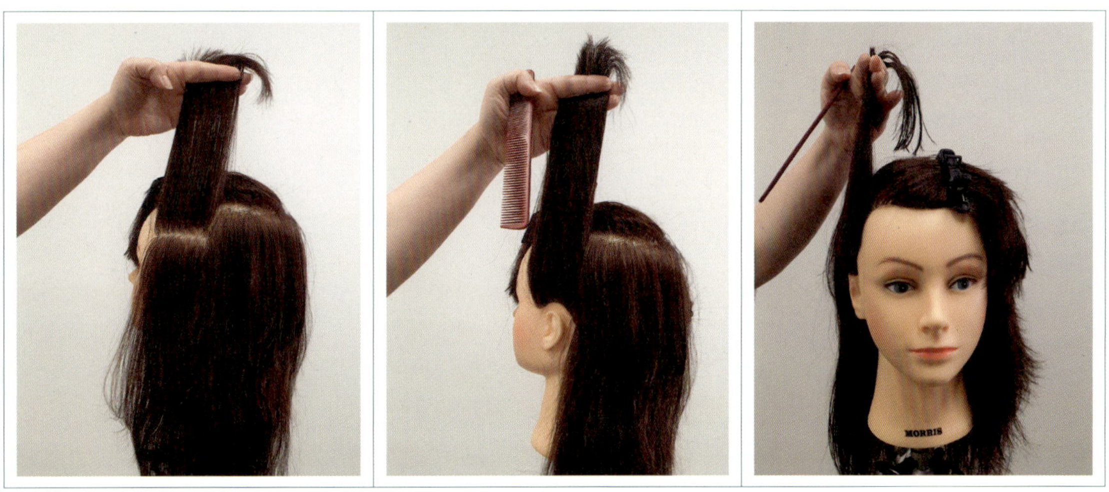

5. 엑스테리어 ②

- 수평 파팅으로 나눈 후 빗질은 직각 분배, 천체축 90°, 파팅과 평행 커트, 고정 디자인 라인

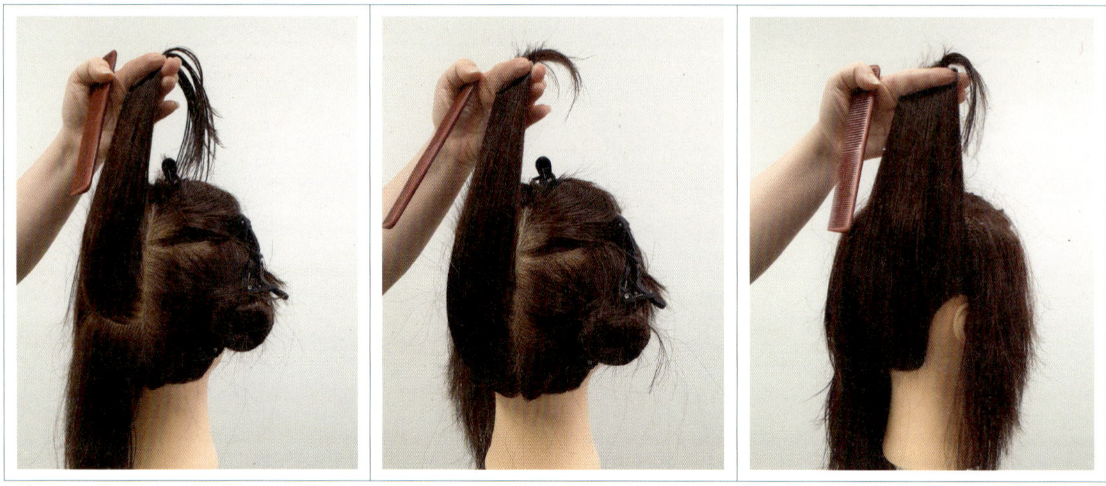

6. 형태선

- 센터를 중심으로 좌우 라인 정리

7. 완성

참고 문헌

- 김옥연, "손에 잡히는 모발과학", 메디시언, 2021.
- 박은준외 12인, "베이직 헤어커트", 메디시언, 2018.
- 박은준외 5인, "응용 남성이미용커트", 메디시언, 2022.
- 박은준외 8인, "어드밴스 헤어커트", 메디시언, 2018.
- 손지연외 1인, "NCS기반 응용 헤어커트", 구민사, 2021.
- 이재숙외 3인, "베이직 컷 프로", 구민사, 2015.
- 진용미외 2인, "NCS기반 기본 헤어커트", 훈민사, 2017.
- 진용미외 2인, "NCS기반 크리에이티브", 훈민사, 2017.
- 최은정외 1인, "기초 헤어커트 실습서", 광문각, 2017.
- NCS학습모듈_미용업 안전과 서비스 LM1201010130_21v5_미용 고객 상담하기_헤어스타일 제안
- PIVOT POINT(2002), S.A.헤어 스컬프춰 레이디즈 여성컷, 피봇포인트 인터내셔날

Basic Hair Cut

기초 디자인 헤어커트

2023년 3월 3일 초판 인쇄
2023년 3월 8일 초판 발행

지은이 • 김형은 · 정의정 · 김송희 · 김은지 · 신임순
유은미 · 이대천 · 진용미 · 최묘선 · 허정록
발행인 • 주병오 · 주민기

발행처 • 메디시안

주 소 • 경기도 파주시 회동길 209
파주출판문화정보산업단지
영업부 • 031-955-7566 · 7577
편집부 • 031-955-7731
F A X • 031-955-7730
홈페이지 • www.ji-gu.co.kr
전자우편 • jigupub@hanmail.net
등록번호 • 2005년 2월 16일
제 406-2005-000045호

ISBN 979-11-90839-92-1 가격 : 25,000원

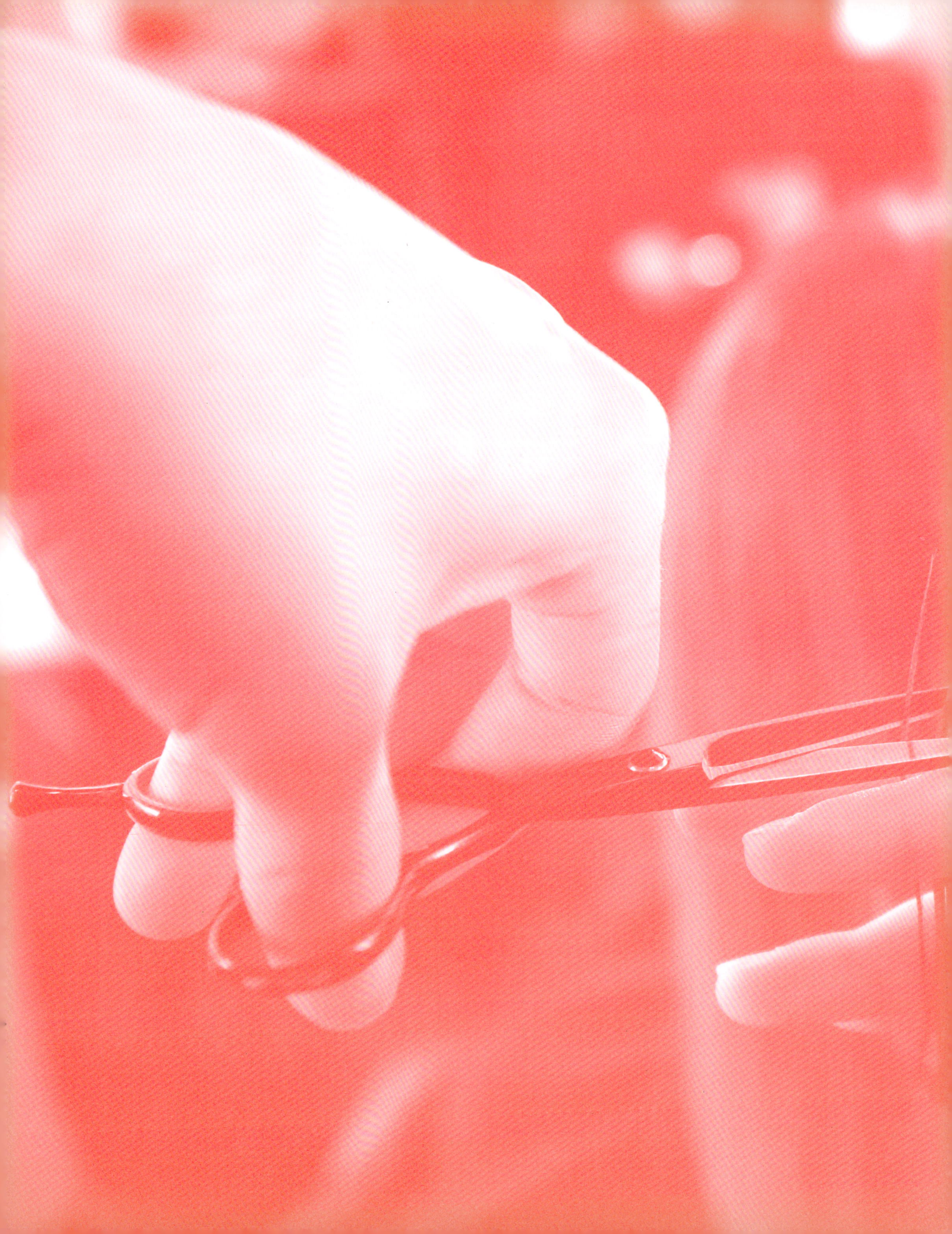